W0259384

Die Arbeitsweise

der

Wechselstrommaschinen.

Für Physiker, Maschineningenieure und Studenten der Elektrotechnik.

Von

Fritz Emde.

Mit 32 in den Text gedruckten Figuren.

Springer-Verlag Berlin Heidelberg GmbH
1902

ISBN 978-3-662-32476-9 ISBN 978-3-662-33303-7 (eBook)
DOI 10.1007/978-3-662-33303-7

Vorwort.

Dieses Buch befasst sich nicht mit den wirklichen Maschinen, wie sie in der Industrie verwendet werden, sondern mit „einfachen“ Maschinen, d. h. mit solchen gedachten Ersatzanordnungen für die wirklichen Maschinen, die besonders einfache Grundlagen für die mathematische Untersuchung ihrer Betriebseigenschaften bieten. Ob auch die Bauart dieser „einfachen“ Maschinen einfach oder gerade umgekehrt sehr verwickelt, ja überhaupt ausführbar ist, ist dabei ganz nebensächlich. Auch der Konstrukteur geht bei seinen Berechnungen von solchen einfachen Maschinen aus. Während sich aber der ferner stehende mit der Betrachtung der einfachen Maschinen begnügen kann, muss der Konstrukteur noch die einfache Maschine mit der wirklichen vergleichen. Es muss also von der einfachen Maschine gefordert werden, dass die physikalischen Vorgänge, die sich in ihr abspielen, mit denen in der wirklichen Maschine vergleichbar sind: Die Abweichungen müssen qualitativ als unwesentliche Nebenerscheinungen, quantitativ als Grössen zweiter Ordnung auftreten. Der Beschauer muss die Vorstellungen, auf denen sich die mathematische Untersuchung aufgebaut hat, sozusagen in der wirklichen Maschine unterbringen können. Auch muss die Theorie dieselben Konstruktionsformen als zweckmässig erkennen lassen, die der Erfahrung nach die vorteilhaftesten sind. Diese Forderung ist nicht immer genügend beachtet worden. Andererseits muss betont werden, dass nur die einfachen Maschinen ein allgemeineres Interesse beanspruchen können. Jene Abweichungen in den physikalischen Vorgängen braucht nicht einmal jeder Techniker zu kennen, nur der Spezialist muss sie beachten, also der Konstrukteur und wer sich sonst mit genaueren Untersuchungen an wirklichen Maschinen befasst.

Aber auch die einfachen Wechselstrommaschinen werden hier nicht erschöpfend behandelt, es wird nur das wichtigste hervorgehoben. Ich habe mehr Wert auf Einheitlichkeit der Darstellung als auf Vollständigkeit gelegt. Das Buch soll vor allem einen Überblick gewähren und dem, der sich eingehender mit dem Gegenstande befassen will, helfen, sich in den oft sehr voneinander abweichenden Darstellungen und Ausdrucksweisen der verschiedenen Verfasser zurecht zu finden. Es kam noch eins hinzu: eine kleine Schrift wird eher wirklich gelesen, als ein dickes Buch.

Der erste Teil enthält die physikalischen Grundlagen für die Erörterungen im zweiten und dritten Teil. Er soll nicht viel mehr sein, als eine blosse Formelzusammenstellung mit verbindendem Text. Natürlich ist alles für den elektrotechnischen Gebrauch und für die besondern Bedürfnisse der darauf folgenden Betrachtungen zugeschnitten worden. Der zweite und dritte Teil ist aber ganz unabhängig vom ersten geschrieben. Wer also mit der Elektrizitätslehre hinreichend vertraut ist, kann den ersten Teil einfach überschlagen. Andererseits habe ich im zweiten und dritten Teil überall durch Fussnoten angegeben, wo man die benutzten Grundlehren ausführlich behandelt findet.

Wo Auffassungen und Methoden einzuführen waren, die erst in der Technik entstanden sind, bin ich überall von dem ausgegangen, was jedem Physiker geläufig ist, und habe von hier aus die andere Auffassung derselben Vorgänge entwickelt.

Um die Aufmerksamkeit nicht von den Hauptsachen abzulenken und um das erste Verständnis der Vorgänge nicht unnötig aufzuhalten, habe ich Nebenerscheinungen, wie Hysteresis und Wirbelströme, Reibung, Spannungsverlust im primären Widerstande, Veränderlichkeit der Permeabilität, höhere Harmonische der Pulsationen und der Feldschattieruug u. s. w. (eben jene Abweichungen der wirklichen Wechselstrommaschinen von den einfachen) übergangen.

Die Schrift enthält auch keine Angaben über Konstruktionsformen und Wicklungsarten. Ich verweise den Leser auf die populären Werke von Rühlmann, Stöckhardt u. a. Der Elektrotechniker wird wohl besser gleich zu den Lehr- und Handbüchern von Kapp, Niethammer u. a. greifen.

Auf die Darstellung der Erscheinungen durch die fingierten Grössen: induktiver und scheinbarer Widerstand bin ich nicht eingegangen. Man kommt zu dieser Darstellung, wenn man einmal absichtlich die magnetischen Vorgänge aus dem Auge verliert und nur die elektrischen Grössen betrachtet. Für gewisse Rechnungen auf Grund von Messungen ist das manchmal ganz bequem (z. B. bei allen Kurzschlussmessungen). Hier sollten aber gerade vorwiegend die magnetischen Vorgänge untersucht werden.

Aus demselben Grunde habe ich mich auch nicht auf die symbolische Rechnung mit komplexen Grössen eingelassen. Sie ist nur eine künstliche Schreibweise, die die graphischen Methoden ersetzen soll. Sie hat den Vorzug, dass sie schwierigere Rechnungen oft sehr vereinfacht, aber den Nachteil, dass man über der rein mechanischen Ausführung langwieriger und unübersichtlicher arithmetischer Operationen leicht die Sache selbst vergisst, sodass die Einsicht in die physikalischen Erscheinungen nicht gefördert wird. In den hier vorkommenden einfachen Fällen sind ausserdem die graphischen Methoden mindestens ebenso einfach und elegant.

Eine Anleitung, die Diagramme maſsstäblich zur graphischen Rechnung mit bestimmten Zahlen zu benutzen, habe ich nirgends gegeben. Sonst hätte ich einige Erfahrung in elektrotechnischen Messungen und Rechnungen voraussetzen müssen. Auch wäre ich dann gezwungen gewesen, auf alle Korrektionen einzugehen und dadurch den Umfang des Buches zu vergrössern. Und schliesslich würden die meisten Leser, glaube ich, dies alles doch nur als überflüssigen Ballast empfunden haben.

Die Erscheinungen in dem elektrischen Felde der Isolatoren, die sogenannten Ladungserscheinungen, sind hier nicht besprochen worden. Sie treten erst bei Hochspannungskabeln in den Vordergrund. Kondensatoren haben bis jetzt noch keine nennenswerte Verwendung in Wechselstromanlagen gefunden.

Schlagwortregister und ein ausführlicheres Inhaltsverzeichnis sind mit Absicht weggelassen worden. Das Buch ist zum Nachschlagen ganz ungeeignet. Das Folgende ist nirgends ohne das Vorhergehende zu verstehen. Bei dem geringen Umfang des Buches ist das auch kein Nachteil.

Hinweise auf Mängel, sowie Verbesserungsvorschläge werden mir von jeder Seite stets sehr willkommen sein.

Herrn Ingenieur Max Lorenz danke ich bestens für seine freundliche Hilfe bei der Durchsicht der Korrekturabzüge, dem Herrn Verleger für die Bereitwilligkeit, mit der er auf meine Wünsche für die Ausführung des Druckes eingegangen ist.

Berlin NW. 87, im Januar 1902.

Fritz Emde.

Inhaltsverzeichnis.

Abkürzungen.

ETZ = Elektrotechnische Zeitschrift (Berlin).
ZfE = Zeitschrift für Elektrotechnik (Wien).
MKF = Ebert, Magnetische Kraftfelder (Leipzig 1897. Wegen der hier nicht weiter erörterten physikalischen Begriffe und Grundgesetze verweise ich gerade auf dieses Werk, weil mir die dort entwickelten physikalischen Vorstellungen das Verständnis der hier vorgetragenen technischen Betrachtungen besonders zu begünstigen scheinen).[1]

[1]) Ich möchte nicht versäumen, wenigstens noch nachträglich auf die Vorlesungen von Galileo Ferraris über die wissenschaftlichen Grundlagen der Elektrotechnik, die soeben in deutscher Ausgabe erschienen sind, empfehlend hinzuweisen.

Übersicht über die Bezeichnungen
im zweiten und dritten Teil.

(Die Richtungsgrössen sind meist mit gothischen Buchstaben bezeichnet).

A Arbeit; $A = \int L \,.\, dt$.

$\mathfrak{a}$ Drehmoment pro Draht.

$\mathfrak{A}$ Drehmoment pro Anker; $\mathfrak{A} = \Sigma \mathfrak{K} r$.

α Winkel; insbesondere $\operatorname{tg} \alpha = \beta_2 \frac{1 + \tau_1}{\tau}$.

β Koeffizient zur Berücksichtigung des Widerstandes.

c Konstante.

C Magnetische Kapazität (Leitfähigkeit); $F = CM$.

d Differentialzeichen.

$\mathfrak{D}$ Feldstärke (Liniendichte).

$\mathfrak{d} = \mathfrak{D}_{max} \sin \gamma t$.

$\mathfrak{D}_i$ Stromdichte.

δ Phasenverschiebung des Querfeldes gegen das Hauptfeld bei Einphasenmotoren.

Δ Differenzzeichen.

e wirkliche Streuspannung.

e', e'' fiktive Streuspannung.

E wirkliche EMK; $E = \int \mathfrak{E} \,.\, dl$.

E', E'' fiktive EMK (z. B. EMK der Selbstinduktion, Leerspannung u. s. w.).

$\varepsilon = -wi$ ohmischer Spannungsverlust.

$\mathfrak{E}$ elektrisierende Kraft (Zahl der Volt/cm).

f wirkliches Streufeld.

f', f'' fiktives Streufeld.

F wirkliches Feld (Linienzahl); $F = \int \mathfrak{D} \,.\, dQ$.

F', F'' fiktives Feld.

$\mathfrak{g}$ Umfangsgeschwindigkeit; $\mathfrak{g} = r \,.\, 2\pi \frac{\mathfrak{u}}{60}$.

$\gamma = 2\pi P = \frac{2\pi}{T}$.

i, J Strom; $i = \int \mathfrak{D}_i \,.\, dq$.

$k = \operatorname{tg} \delta$.

K Klemmenspannung.

$\mathfrak{K}$ Kraft (Tangentialdruck).

$\varkappa = \frac{1}{\sigma}$ Streufaktor; $(\varkappa - 1)\,(V - 1) = 1$.

l Koeffizient der Selbstmagnetisierung.

m „ „ gegenseitigen Magnetisierung.

λ „ „ Streuungsmagnetisierung.

L Koeffizient der Selbstinduktion.
M „ „ gegenseitigen Induktion.
$\varLambda$ „ „ Induktion durch Streuung.
l Länge, Ankerlänge.
L Leistung; $L = \frac{dA}{dt} = c \cdot \mathfrak{A} \cdot \mathfrak{u}$.
λ Zentriwinkel.
M MMK, ausgedrückt in Amperwindungen; $M = \int \mathfrak{M} \cdot dl$.
$\mathfrak{M}$ Magnetisierende Kraft (Zahl der Amperwindungen pro 1 cm Linienlänge)
μ Permeabilität (Durchlässigkeit); $\mathfrak{B} = \mu \cdot \frac{4\pi}{10} \mathfrak{M}$.
N Windungszahl.
ν_1, ν_2 HOPKINSONsche Streufaktoren; $\nu_1 = 1 + \tau_1$.
$2p$ Polzahl.
P Frequenz; $P = \frac{1}{T} = p_1 \frac{\mathfrak{u}_1}{60}$.
$2P$ Wechselgeschwindigkeit.
$\pi = 3{,}14 \ldots.$
Q, q Querschnitt.
r Ankerradius.
$s = 1 - v$ Schlüpfung.
σ BEHN-ESCHENBURGscher Streufaktor; $(1 - \sigma)\, V = 1$.
Σ Summenzeichen.
t Zeit.
T Periode.
τ HEYLANDscher Streufaktor; $\tau = \tau_1 + \tau_2 + \tau_1 \tau_2 = V - 1$.
U Überlastbarkeit.
$\mathfrak{u}$ Zahl der Umdrehungen in einer Minute, $\frac{\mathfrak{u}_2}{60} = v \frac{P}{p_2}$.
v Relativgeschwindigkeit; $v = \frac{p_2 \mathfrak{u}_2}{p_1 \mathfrak{u}_1}$.
$V = \nu_1 \nu_2$.
w, W Widerstand.
$2x$ mittlere Kraftlinienlänge.
Z Zahl der wirksamen Leiter.
η Wirkungsgrad; $L_2 = \eta L_1$.
φ Phasenverzögerung des Stromes gegen die Klemmenspannung.
ψ „ „ „ „ „ EMK.
ω Verstellungswinkel bei synchronen Maschinen.

Erster Teil.

Physikalische Grundlagen.

Kraft. Die Erfahrung hat uns gelehrt, dass wir uns den Raum nicht nur überall von Materie erfüllt zu denken haben, sondern auch von Energiemengen. Die Energie ist nicht unmittelbar wahrnehmbar, sondern sie giebt sich durch Kräfte der verschiedensten Art zu erkennen. In merklichem Grade sind Kräfte desselben Ursprungs nur in einem gewissen Gebiete des Raumes anzutreffen. Ein solches Gebiet heisst ein Kraftfeld. Die Kraft ist im allgemeinen an verschiedenen Punkten des Feldes verschieden, also eine Funktion des Ortes, in der Ausdrucksweise der analytischen Geometrie: eine einwertige Funktion der Koordinaten. Die Kraft an einem Punkte hat zwei Bestimmungsstücke: 1. die Stärke, 2. die Richtung. (Der Richtungssinn wird durch das Vorzeichen bestimmt.) Eine Grösse, der diese beiden Merkmale zukommen, heisst eine Richtungsgrösse oder ein Vektor.

Folgen wir, von irgend einem Punkte des Kraftfeldes ausgehend, der Richtung der Kraft, so kommen wir zu einem benachbarten Punkte, wo die Kraft nach Grösse und Richtung im allgemeinen nur unendlich wenig verschieden ist. Die Kraft ändert sich also im allgemeinen stetig und nur an gewissen Stellen (Übergangsflächen) unstetig. Wenn wir daher, wie angedeutet, die Kraftrichtung von einem beliebigen Punkte aus verfolgen, so wird unser Weg eine stetige Kurve sein. Eine solche Kurve heisst eine Kraftlinie.

Die Kraft nimmt offenbar in der Richtung zu, nach der sich die Kraftlinien zusammendrängen, und nimmt dort ab, wo sie auseinandergehen. Zwei Kraftlinien können sich niemals schneiden, denn das würde ja heissen, dass die Kraft im Schnittpunkte zwei Richtungen hat, was natürlich unmöglich ist.

Linienintegral. Auf einem sehr kurzen Stück dl einer Kraftlinie können wir die Kraft $\mathfrak{K}$ als konstant ansehen und daher von einem Produkte $\mathfrak{K} . dl$ sprechen. Dieses Produkt hat offenbar die Bedeutung einer Arbeit dA. Es ist daher leicht zu vermuten, dass Ausdrücke von der Form eines bestimmten Integrales $\int \mathfrak{K} . dl$ eine wichtige Rolle spielen werden. Ein solcher Ausdruck heisst das Linienintegral eines Vektors.

Hätten wir nicht eine Kraftlinie verfolgt, sondern eine beliebige andere stetige Kurve im Felde, so hätten wir überall die Komponente $\mathfrak{K}_l$ der Kraft $\mathfrak{K}$ nach dem Längenelement dl nehmen müssen und hätten als Linienintegral $\int \mathfrak{K}_l . dl$ erhalten.

Nach den Regeln der Integralrechnung ist das bestimmte Integral die Differenz zweier Werte eines unbestimmten Integrales. In unserm Falle ist dieses unbestimmte Integral eine Funktion $\varphi(p)$ der Koordinaten des gerade betrachteten Punktes p. Wählen wir erst den Ausgangspunkt, dann den Endpunkt und subtrahieren, so erhalten wir den Wert des Linienintegrales. (Der Weg l ist also nur dann gleichgiltig, wenn auch φ, ebenso wie $\mathfrak{K}$, eine einwertige Funktion der Koordinaten ist.) Den negativen Wert jenes unbestimmten Integrales $\varphi(p)$, also $[-\varphi(p)]$, nennt man das Potential des Punktes p. Es ist wesentlich, dass die Funktion $\varphi(p)$ noch mit einer willkürlichen Konstante behaftet ist, d. h. der Nullpunkt des Potentiales ist willkürlich.

Wir zerlegen eine Kraftlinie in beliebige Stücke und legen durch die Teilpunkte Flächen von solcher Beschaffenheit, dass die Kraftlinien überall auf ihnen senkrecht stehen. An einer solchen Normalfläche ist die Tangentialkomponente der Kraft überall Null. Erstrecken wir also das Linienintegral über ein beliebiges Stück einer Kurve, die auf einer Normalfläche liegt, so erhalten wir stets Null, d. h. alle Punkte der Fläche haben dasselbe Potential. Eine solche Fläche konstanten Potentiales stellt also für die Kraft ein gewisses Niveau dar und wird daher auch Niveaufläche genannt.

Die Niveauflächen teilen das Feld in Schichten ein. Wählen wir den Abstand der aufeinanderfolgenden Niveauflächen so, dass das Linienintegral für die einzelnen Kraftlinienteile überall den Wert Eins hat, so ist das Feld in Einheitsschichten zerlegt. Die Differenz zwischen den Potentialen auf den beiden Wänden einer Einheitsschicht ist Eins.

Polarisation. Die Kraft $\mathfrak{K}$, die auf ein Raumteilchen wirkt, versetzt die Materie in diesem Raumteilchen in einen eigentümlichen Zwangszustand, von dem wir weiter keine anschauliche Vorstellung haben. Der Grad dieses Zwangszustandes heisst die Feldstärke oder Polarisation $\mathfrak{P}$. Die Polarisation hat dieselbe Richtung, wie die Kraft $\mathfrak{K}$ (wenn wir von einigen Krystallen, den sogenannten anisotropen Körpern, absehen). Der Grösse nach ist $\mathfrak{P}$ eine Funktion von $\mathfrak{K}$, die von der Art der Materie, also von dem Stoffe abhängt, mit dem das Raumteilchen erfüllt ist. $\mathfrak{K}$ können wir näher als polarisierende Kraft bezeichnen (im Gegensatz zu den bewegenden oder mechanischen Kräften). Wenn wir, von irgend einem Punkte ausgehend, die Polarisation verfolgen, so werden wir Kurven — Polarisationslinien — beschreiben, die (bei unseren Annahmen) mit den Kraftlinien zusammenfallen.

Denken wir uns jetzt auf einer Normalfläche eine beliebige geschlossene Kurve gezeichnet — das eingeschlossene Flächenstück sei Q — und durch sämtliche Punkte dieser Kurve die Polarisationslinien gezogen, so werden diese Polarisationslinien ein röhrenartiges Gebilde aus dem Felde herausschneiden, das wir eine Polarisationsröhre nennen wollen. Die Rohrwand ist für andere Polarisationslinien undurchdringlich, da sich zwei Polarisationslinien nirgends schneiden können.

Flächenintegral. Um uns ein anschauliches (freilich willkürliches) Bild von der Polarisation $\mathfrak{P}$ zu machen, können wir sie uns etwa als einen Druck vorstellen, der auf die einzelnen Teilchen dQ der Fläche Q wirkt. Um den Gesamtdruck auf die Fläche Q zu erhalten, müssen wir das bestimmte Integral $\int \mathfrak{P} \,.\, dQ$ bilden. Dieses Flächenintegral des Vektors $\mathfrak{P}$ wird auch der Vektorenfluss durch die Fläche Q genannt.

An Stellen wachsender Polarisation drängen sich die Polarisationslinien zusammen, der Querschnitt Q des Rohres verengt sich also. Ebenso gehen die Polarisationslinien mit abnehmender Polarisation auseinander und der Rohrquerschnitt wächst. Längs einer Polarisationsröhre ist also der Vektorenfluss konstant.

Wählen wir im besonderen die Fläche Q so, dass das Flächenintegral $\int \mathfrak{P} \,.\, dQ$ den Wert Eins hat, so erhalten wir eine Einheitsröhre.

So können wir offenbar das ganze Feld in Einheitsröhren zerlegen. Wenn wir uns ausserdem Niveauflächen mit dem Potentialunterschied Eins durch das Feld gelegt denken, so zerschneiden diese die Einheitsröhren in Stücke, die wir als Einheitszellen bezeichnen wollen. Alle Einheitszellen eines Feldes haben gleichen konstanten Energieinhalt. Der Energieinhalt der Raumeinheit ist also durch die Dichte der Einheitszellen gegeben, d. h. durch die Zahl der Einheitszellen, die in der Raumeinheit enthalten sind.

Dichte. Wenn sich die Polarisation nur längs den Kraftlinien ändert, dagegen an allen Stellen einer Niveaufläche denselben Wert hat, so wollen wir das Feld ein konisches nennen. Im umgekehrten Falle, wo also jede Kraftlinie nur Orte gleicher Polarisation trifft, wo aber die Polarisation an verschiedenen Stellen einer Niveaufläche verschieden ist, wollen wir von einem zylindrischen Felde sprechen. Hat die Polarisation in dem ganzen betrachteten Raume überall denselben Wert, so soll das Feld homogen heissen.

Im konischen Felde hat jede beliebige Polarisationsröhre konische Gestalt. In einem zylindrischen Felde ist jede beliebige Polarisationsröhre ein Zylinder. Der Querschnitt des Zylinders kann natürlich beliebige Form haben. Er kann z. B. auch ein Vieleck sein. Im homogenen Felde haben alle Einheitsröhren denselben Querschnitt.

Wenn das Feld konisch ist, können wir statt $\int \mathfrak{P} \, . \, dQ$ einfach $\mathfrak{P} \, . \, Q$ schreiben. Greifen wir dann auf einer Niveaufläche ein Stück $Q = 1$ heraus und legen durch seine Begrenzungslinie die Polarisationsröhre, so führt diese den Vektorenfluss $\mathfrak{P} \, . \, 1$ und besteht daher aus $\mathfrak{P}$ Einheitsröhren. Die Zahl der Einheitsröhren durch die Flächeneinheit der Niveaufläche oder die Dichte der Einheitsröhren ist also ein Maſs für die Polarisation.

Wenn wir die Dichte der Einheitsröhren allgemeiner als das Verhältnis des Vektorenflusses zum Querschnitt definieren:

$$\frac{d}{dQ} \int \mathfrak{P} \, . \, dQ = \mathfrak{P},$$

so können wir diese Ausdrucksweise auch auf nicht konische Felder übertragen.

Man pflegt sich mit Faraday etwas anders auszudrücken. Statt jeder Einheitsröhre denken wir uns immer nur je eine einzige Polarisationslinie als Röhrenachse oder Leitlinie gezogen. Statt von der Zahl und Dichte der Einheitsröhren spricht man dann von der Zahl und Dichte der Kraftlinien.

Wir wollen uns diesem Brauche anschliessen und im folgenden überall von Kraftlinien sprechen, wo eigentlich Einheitsröhren der Polarisation gemeint sind.

Magnetisierende Kraft und magnetische Feldstärke. Eine frei bewegliche Magnetnadel stellt sich in einem magnetischen Felde in eine bestimmte Richtung ein. Wenn die Nadel eine andere Richtung hat, so wirkt auf sie ein Drehmoment, das um so grösser ist, je grösser die magnetisierende Kraft des Feldes ist und je stärker die Nadel magnetisiert ist, wofür eine Grösse $\mathfrak{S}$ als Maſs dienen möge. Hiernach ist es möglich, das Produkt beider Grössen zu bestimmen. Die magnetisierende Kraft wollen wir mit $0{,}4\,\pi\mathfrak{M}$ bezeichnen. Dann sei also

$$\mathfrak{S}\,.\,0{,}4\,\pi\mathfrak{M} = P.$$

$\mathfrak{S}$ wird gewöhnlich der Stabmagnetismus der Nadel genannt. Ferner hat Gauss gezeigt, wie man den Quotienten aus dem Stabmagnetismus und der magnetischen Feldstärke (Polarisation) $\mathfrak{D}$

$$\frac{\mathfrak{S}}{\mathfrak{D}} = Q$$

bestimmen kann. (Nähere Angaben hierüber findet man in jedem Lehrbuch der Physik.) Man kann also den Stabmagnetismus $\mathfrak{S}$ eliminieren und bekommt das Produkt

$$0{,}4\,\pi\mathfrak{M}\,.\,\mathfrak{D} = \frac{P}{Q},$$

jedoch nicht beide Grössen einzeln. Dieses Produkt können wir auch schreiben

$$(0{,}4\,\pi\mathfrak{M})^2 \frac{\mathfrak{D}}{0{,}4\,\pi\mathfrak{M}} = \frac{0{,}4\,\pi\mathfrak{M}}{\mathfrak{D}} \cdot \mathfrak{D}^2,$$

und wenn wir noch

$$\frac{\mathfrak{D}}{0{,}4\,\pi\mathfrak{M}} = \mu$$

setzen, so erhalten wir

$$0{,}4\,\pi\mathfrak{M}\,.\,\sqrt{\mu} = \frac{\mathfrak{D}}{\sqrt{\mu}} = \sqrt{\frac{P}{Q}}.$$

Um nun zu einem Maſs für die beiden Grössen $\mathfrak{D}$ und $\mathfrak{M}$ zu gelangen, hat man die magnetische Feldstärke $\mathfrak{D}_o$, die von einer magnetisierenden Kraft $0{,}4\,\pi\mathfrak{M}$ in der Luft erzeugt wird, dieser magnetisierenden Kraft numerisch gleich gesetzt, also $\mu_o = 1$. Dadurch bekommt man

$$0{,}4\,\pi\,\mathfrak{M} = \mathfrak{D}_o = \sqrt{\frac{P}{Q}}$$

aus mechanischen und geometrischen Grössen.

$\mathfrak{D}$ können wir, wie angegeben, durch magnetische Kraftlinien darstellen. $\mathfrak{D}$ wird in der Technik gewöhnlich schlechthin die Kraftliniendichte oder kurz die Dichte genannt.

Wir setzen ferner folgende Bezeichnungen fest: Das Flächenintegral der magnetischen Feldstärke

$$\int \mathfrak{D}\,.\,dQ = F$$

soll das Feld oder der Fluss heissen. F wird durch die Zahl der magnetischen Kraftlinien dargestellt und ist längs den Kraftlinien konstant.

Das Linienintegral der magnetisierenden Kraft

$$\int 0{,}4\,\pi\,\mathfrak{M}\,.\,dl = 0{,}4\,\pi\,M$$

soll als magnetomotorische Kraft (abgekürzt MMK geschrieben) bezeichnet werden.

Magnetische Kapazität. Auf alle Körper, ausser auf die sogenannten ferromagnetischen, wirkt eine magnetisierende Kraft ebenso, wie auf Luft. Nach den vorhin getroffenen Mafsbestimmungen ist also die Feldstärke der magnetisierenden Kraft proportional, und in der Gleichung

$$\mathfrak{D} = \mu\,.\,0{,}4\,\pi\,\mathfrak{M}$$

μ konstant, ja sogar für die verschiedenen Stoffe fast dasselbe. Diese Gleichung können wir etwas anders schreiben:

$$\frac{dF}{dQ} = 0{,}4\,\pi\,\mu\,\frac{dM}{dl}.$$

Denken wir uns aus dem Felde durch zwei Niveauflächen eine Schicht herausgeschnitten, so ist das Linienintegral, auf vorgeschriebenem Wege von einer Wand bis zur andern erstreckt,

$$M = \frac{1}{0{,}4\,\pi}\int \frac{1}{\mu}\cdot\frac{dF}{dQ}\cdot dl.$$

Wir wollen nun den besonderen Fall eines konischen Feldes betrachten. In einem solchen ist

$$\frac{dF}{dQ}=\frac{F}{Q}$$

und

$$M=\frac{1}{0{,}4\,\pi}\int\frac{F}{\mu Q}\cdot dl.$$

($\frac{F}{Q}$ ist nicht konstant, sondern eine Funktion von l und darf daher nicht vor das Integralzeichen treten. Nur in einem homogenen Felde hat $\frac{F}{Q}$ überall denselben Wert.) Schneiden wir aus der Schicht eine Polarisationsröhre heraus, so ist in dieser der Fluss F für alle Rohrquerschnitte derselbe. Daher ist für ein Röhrenstück, dessen Endflächen Niveauflächen sind,

$$M=F\cdot\frac{1}{0{,}4\,\pi}\int\frac{dl}{\mu Q},$$

oder wenn wir

$$\int\frac{dl}{\mu Q}=\frac{0{,}4\,\pi}{C}$$

setzen,

$$F=CM \quad \text{. . . . . (I}$$

Wir wollen C die magnetische Kapazität nennen.

Auch bei ferromagnetischen Körpern können wir die Grösse C einführen, da für ihre Ableitung die Voraussetzung $\mu=\text{const}$ nicht notwendig war. Nur ist dann C auch nicht mehr eine für einen konischen Raum charakteristische Konstante, sondern eine Funktion von M, wie F.

Um auch noch dann von einer magnetischen Kapazität sprechen zu können, wenn das Feld nicht mehr konisch ist, wollen wir C noch allgemeiner definieren. Wie aus dem späteren leicht zu ersehen sein wird, sind meist nicht die Vektoren $\mathfrak{M}$ und $\mathfrak{D}$ selbst der Messung zugänglich, sondern unmittelbar ihre Integrale M und F. Dann soll $\frac{F}{M}=C$ die magnetische Kapazität des gerade betrachteten Raumes heissen. Damit die Grössen M und F einen (eindeutigen) Sinn haben, muss dieser Raum von Flächen der vorhin beschriebenen Art begrenzt sein.

Der reziproke Wert von C wird als magnetischer Widerstand bezeichnet.

Wirkung elektrisierender Kräfte. Wenn eine elektrisierende Kraft $\mathfrak{E}10^8$, die wir zunächst einmal einfachheitshalber als konstant voraussetzen wollen, in einem Raume wirkt, so tritt zweierlei ein: 1. eine Energieaufspeicherung in einem elektrischen Felde, 2. eine Energieaufspeicherung in einem magnetischen Felde und dann eine fortwährende Energiewanderung in einem elektrischen Felde.*) Je nachdem bei den verschiedenen Stoffen die eine oder andre Wirkung in den Vordergrund tritt, unterscheidet man Isolatoren und Leiter. Die Vorgänge in dem elektrischen Felde der Isolatoren schliessen wir von unsrer Betrachtung aus.

Die Energieaufspeicherung in dem magnetischen Felde ist bald, nachdem die Kraft zu wirken begonnen hat, beendigt. Darauf tritt ein stationärer Zustand ein, und es wird dann immer nur noch elektrische Energie unausgesetzt in Wärme verwandelt. Ausserdem treten im allgemeinen noch andre Energieverwandlungen auf.

Elektrischer Strom. Der Zwangszustand, in den die elektrisierende Kraft $\mathfrak{E}10^8$ die einzelnen Teilchen des Leiters versetzt, werde durch einen Vektor $\mathfrak{D}_i 10^{-1}$ dargestellt und als Stromdichte bezeichnet. $\mathfrak{D}_i 10^{-1}$ wollen wir durch Stromlinien darstellen. Wenn wir von den Vorgängen in den Isolatoren absehen, so sind die Stromlinien stets geschlossene Kurven, auch dann noch, wenn $\mathfrak{E}$ nicht mehr konstant ist, sondern z. B. eine periodische Funktion der Zeit. Dann ist das Flächenintegral

$$\int \mathfrak{D}_i 10^{-1} \cdot dq = i 10^{-1},$$

der Strom, längs den Stromlinien konstant.

Für uns kommen Leiter nur in einer bestimmten Gestalt in Betracht, nämlich als lineare Leiter, als Drähte. Dann ist der Strom $i 10^{-1} = \int \mathfrak{D}_i 10^{-1} \cdot dq$ auch in allen ganzen Drahtquerschnitten q derselbe. Es brauchen aber weder die einzelnen Querschnitte q unter sich gleich zu sein, noch braucht die Stromdichte $\mathfrak{D}_i 10^{-1}$ über einen beliebigen Querschnitt q konstant zu sein. Der Vektor $\mathfrak{D}_i 10^{-1}$ selbst hat für die Technik fast gar keine Bedeutung. Da kommt es nur auf sein Flächenintegral $i 10^{-1}$, den Strom, an.

---

*) In Wirklichkeit hat der Energiestrom (die Leistung) nicht dasselbe Flussbett, wie der elektrische Strom. Nach POYNTING spielt sich die Energiewanderung nicht im Leiter, sondern im umgebenden Dielektrikum ab. Der Leiter bildet für die Energiewanderung nur eine Art Führung. Für uns wird es aber bequemer sein, wenn wir uns vorstellen, dass die Energie in der Stromquelle in den Stromkreis eintritt, dann in ihm weiter wandert und ihn an andern Stellen wieder verlässt.

Wir haben uns jetzt nach einem Maſs für den Strom $i 10^{-1}$ umzusehen. Wir stützen uns auf folgende Thatsache: Ein Strom wird von magnetischen Kraftlinien umzingelt. Die Stromlinien und die magnetischen Kraftlinien sind wie die Glieder einer Kette miteinander verschlungen. Die Linienintegrale $0{,}4\,\pi M$ über zwei beliebige geschlossene Kurven, die denselben Strom umschlingen, sind stets gleich. Wir können daher die MMK $0{,}4\,\pi M$ als Maſs für den Strom ansehen. Um mit dem herrschenden Maſssystem in Übereinstimmung zu bleiben, setzen wir

$$0{,}4\,\pi M = 4\,\pi \,.\, i 10^{-1}.$$

Dann bekommen wir i in Einheiten, die man als Amper bezeichnet. (Also ist $i 10^{-1}$ der Strom in Dekaamper.)

So ist z. B. jenes Linienintegral für einen unendlich langen Draht von kreisrundem Querschnitte aus Symmetriegründen

$$0{,}4\,\pi M = 0{,}4\,\pi \mathfrak{M} \,.\, 2\,\pi a,$$

wenn wir mit $0{,}4\,\pi \mathfrak{M}$ die magnetisierende Kraft des Stromes im Abstande a von der Drahtmitte bezeichnen. In diesem Falle ist also

$$0{,}4\,\pi \mathfrak{M} \,.\, 2\,\pi a = 4\,\pi \,.\, i 10^{-1},$$

folglich

$$0{,}4\,\pi \mathfrak{M} = 2\,\frac{i 10^{-1}}{a}$$

oder

$$\mathfrak{M} = \frac{i}{2\,\pi a}.$$

Wir wollen nun eine mehrfach gewundene Kraftlinie betrachten. Sie umschlinge k_1-mal N_1 Windungen mit dem Strome i_1, k_2-mal N_2 Windungen mit dem Strome i_2 u. s. w. Dann setzen wir

$$k_1 N_1 i_1 + k_2 N_2 i_2 + k_3 N_3 i_3 + \; . \; . \; = \Sigma (k N i).$$

Dann ist die MMK

$$0{,}4\,\pi M = 4\,\pi \,.\, \Sigma (k N i 10^{-1})$$

oder

$$M = \Sigma (k N i) \quad . \; . \; . \; . \; . \; . \; . \; . \; . \quad (A$$

Die MMK M nennt man daher auch die Zahl der Amperwindungen, die magnetisierende Kraft $\mathfrak{M}$ die Zahl der Amperwindungen pro Centimeter.*)

*) Es ist also zu beachten, dass das elektromagnetische Potential nicht mehr eine einwertige Funktion der Koordinaten ist, sondern eine periodisch mehrwertige Funktion, wie z. B. $y = \arcsin x$.

Die magnetisierenden Kräfte von elektrischen Strömen sind die einzigen, die für uns hier wesentlich in Betracht kommen.

Bewegende Kräfte. Die MMK $0{,}4\,\pi M$ nimmt noch in einem andern Falle den Wert $4\,\pi\,.\,i\,10^{-1}$ an.

Eine dünne eiserne Scheibe sei so magnetisiert, dass sich ihre Normalen in die Süd-Nordrichtung einstellen, wenn die Scheibe frei beweglich ist. Ihr Stabmagnetismus sei $\mathfrak{S}$, ihre gesamte Oberfläche $2\,Q$. Dann ergiebt eine einfache Rechnung, auf die wir jedoch hier nicht eingehen wollen, *) dass ein Oberflächenpunkt auf der einen Seite das Potential $+\,2\,\pi\,\frac{\mathfrak{S}}{Q}$ hat, ein Oberflächenpunkt auf der andern Seite das Potential $-\,2\,\pi\,\frac{\mathfrak{S}}{Q}$. Wenn man von einem Oberflächenpunkt auf der einen Seite um den Scheibenrand herum auf beliebigem Wege zu irgend einem Oberflächenpunkt auf der andern Seite geht, so ist daher das Linienintegral der magnetisierenden Kraft auf diesem Wege $=4\,\pi\,\frac{\mathfrak{S}}{Q}$. Ebenso wie diese magnetische Scheibe wird sich also ein geschlossener Strom von $i\,10^{-1}=\frac{\mathfrak{S}}{Q}$ Dekaamper verhalten. Man kann auch sagen: Ein elektrischer Strom von i Amper, dessen Projektion auf eine Ebene maximal die Fläche Q umfasst, ist einem beliebig geformten Magnet gleichwertig, der den Stabmagnetismus $\mathfrak{S}=i\,10^{-1}\,.\,Q$ hat.

Wenn eine magnetische Scheibe von F Kraftlinien durchsetzt wird, so hat sie durch ihre Lage im Felde eine Energie

$$W=-\frac{\mathfrak{S}}{Q}\,F.$$

Die Scheibe wird aus dem Felde herausgedrängt, wenn $\mathfrak{S}$ und F entgegengesetztes Vorzeichen haben. Eine Stromschleife von i Amper, die F Kraftlinien umspannt, wird also eine Energie

$$W=-\,i\,10^{-1}\,.\,F$$

besitzen. Daraus ergiebt sich allgemein der Zuwachs an potentieller Energie bei irgend welchen Änderungen

$$d\,W=-\,F\,.\,di\,10^{-1}-i\,10^{-1}\,.\,dF.$$

*) Siehe z. B. James Clerk Maxwell, Lehrbuch der Elektrizität und des Magnetismus, II. Bd., S. 41—43 der deutschen Ausgabe (Berlin 1883. Julius Springer).

Müssen die Feldkräfte, um den Stromkreis oder einen seiner Teile um ds zu verschieben, eine Arbeit dA leisten, so müssen sie auf den Stromträger einen mechanischen Druck

$$\mathfrak{K} = \frac{dA}{ds}$$

ausüben. Die Arbeit dA muss nach dem Gesetz von der Erhaltung der Energie gleich dem Teile der Energieabnahme sein, der allein durch die Ortsveränderung entsteht:

$$\mathfrak{K} = \frac{dA}{ds} = -\frac{dW}{ds} = F\frac{di}{ds}10^{-1} + i10^{-1}\frac{dF}{ds}.$$

Nun ist aber

$$\frac{di}{ds} = 0.$$

Denn durch blosse Änderung der Lage des Stromkreises kann der Strom keine d a u e r n d e Änderung erleiden. Folglich ist

$$\mathfrak{K} = i10^{-1}\frac{dF}{ds}$$

und die mechanische Arbeit

$$A = i10^{-1} \,.\, \varDelta F \quad \ldots\ldots\ldots \quad (II$$

Da die potentielle Energie stets einem Minimum zustrebt, so sucht also der Strom möglichst viele Kraftlinien zu umfassen. (Bewegliche Teile eines Stromkreises werden nach aussen getrieben. Ein Stück Eisen wird in eine stromdurchflossene Spule hineingezogen.) Bei einer Verringerung der Kraftlinienzahl müssen die Feldkräfte überwunden werden, es müssen also äussere (mechanische) Kräfte Arbeit leisten.

Besteht z. B. ein Teil des Stromkreises aus zwei langen geraden parallelen Drähten, die durch einen rechtwinklig zu ihnen gelegenen beweglichen dritten Draht von der Länge l miteinander leitend verbunden werden, so ist bei einer Verschiebung des Drahtes l um $\varDelta s$

$$\varDelta F = \int\int \mathfrak{D} \,.\, dl \,.\, ds,$$

und wenn das Feld homogen ist,

$$\varDelta F = \mathfrak{D} \,.\, l \,.\, \varDelta s.$$

Also wird der bewegliche Draht mit einer Kraft

$$\mathfrak{K} = i10^{-1} \,.\, \mathfrak{D} \,.\, l \quad \ldots\ldots\ldots \quad (II'$$

nach aussen getrieben. (Dadurch wächst die vom Strome umspannte Fläche und die Kraftlinienzahl.)

Elektromotorische Kraft. Wir fragen weiter nach der elektrischen Energie, die in der Zeit dt in der Raumeinheit des Leiters in Wärme verwandelt wird. Sie wird um so grösser sein, je grösser die Stromdichte und je grösser die zu ihrer Erzeugung nötige elektrisierende Kraft ist, also

$$= k \,.\, \mathfrak{E}10^8 \,.\, \mathfrak{D}_i 10^{-1} \,.\, dt.$$

Indem wir nun den willkürlichen Proportionalitätsfaktor $k = 1$ setzen, gewinnen wir eine Maſseinheit für die elektrisierende Kraft $\mathfrak{E}$. Für ein Raumteilchen dv bekommen wir also

$$\mathfrak{E}10^8 \,.\, \mathfrak{D}_i 10^{-1} \,.\, dv \,.\, dt,$$

und für den ganzen Stromkreis

$$dA = dt \int \mathfrak{E}10^8 \,.\, \mathfrak{D}_i 10^{-1} \,.\, dv.$$

Nun ist

$$dv = dl \,.\, dq$$

$$\int \mathfrak{D}_i 10^{-1} \,.\, dq = i\,10^{-1} = \text{const},$$

mithin

$$dA = dt \int \mathfrak{D}_i 10^{-1} \,.\, dq \int \mathfrak{E}10^8 \,.\, dl = dt \,.\, i\,10^{-1} \,.\, \int \mathfrak{E}10^8 \,.\, dl.$$

Wenn wir das Linienintegral

$$\int \mathfrak{E}10^8 \,.\, dl = E\,10^8$$

setzen, so erhalten wir die gesamte in Wärme umgesetzte Leistung

$$L_w = \frac{dA}{dt} = i\,10^{-1} \,.\, E\,10^8 \quad . \quad . \quad . \quad . \quad . \quad (III$$

L_w giebt also die elektrische Energie an, die in jeder Sekunde in Wärme verwandelt wird. Das Linienintegral $E\,10^8$ heisst e l e k t r o m o t o r i s c h e K r a f t (abgekürzt EMK geschrieben). E erscheint in Einheiten, die man V o l t nennt, folglich $\mathfrak{E}$ in V o l t p r o C e n t i m e t e r. ($E\,10^8$ ist demnach die EMK in Centimikrovolt.)

Elektromagnetische Induktion. Wenn wir die Kraftlinienzahl in einem Stromkreise vermindern wollen, so müssen wir Arbeit leisten. Die hierbei zugeführte Energie $-i\,10^{-1} \,.\, \Delta F$ tritt in das elektrische Feld im Leiter ein. Da aber im elektrischen Felde des Leiters keine Energie aufgespeichert werden kann, so ist die eintretende Energie in jedem Augenblick gleich der austretenden, wofür wir auch sagen können: Die algebraische Summe der austretenden Energie ist Null:

$$i\,10^{-1} \,.\, E\,10^8 \,.\, dt + i\,10^{-1} \,.\, dF = 0.$$

Daraus folgt

$$E\,10^8 = -\frac{dF}{dt}.$$

Haben wir, wie früher, eine Anordnung, bei der wir

$$d^2F = \mathfrak{D} \,.\, dl \,.\, ds$$

setzen können, so bekommen wir

$$\frac{dE\,10^8}{dl} = \mathfrak{E}\,10^8 = +\mathfrak{D}\mathfrak{g},$$

wenn wir mit

$$\mathfrak{g} = -\frac{ds}{dt}$$

die Geschwindigkeit der Verschiebung nach innen bezeichnen. (Das Produkt $\mathfrak{D} \,.\, \mathfrak{g}$ ist ein sogenanntes äusseres Vektorprodukt, also, wie dies für $\mathfrak{E}$ notwendig ist, selbst wieder ein Vektor.) Wenn $\mathfrak{D}$ und $\mathfrak{g}$ längs dem Drahte l konstant sind, so bekommen wir

$$E\,10^8 = \int \mathfrak{E}\,10^8 \,.\, dl = \mathfrak{D}\mathfrak{g}l \quad \ldots\ldots \quad (B'$$

Sind die Stromwindungen wieder mit den Kraftlinien mehrfach verkettet, so ist

$$E\,10^8 = -\frac{d}{dt}\,\Sigma(kNF)$$

oder

$$E\,10^8 = -\Sigma\left(kN\frac{dF}{dt}\right) \quad \ldots\ldots\ldots \quad (\boldsymbol{B}$$

Wenn keine ferromagnetischen Körper in der Nähe sind, so kann das Feld nur von Strömen herrühren. Dann können wir für den Stromkreis i_1 setzen:

$$10^{-8}\,\Sigma(k_1N_1F_1) = L_1i_1 + M_2i_2 + M_3i_3 + \ldots\ldots$$

Wir nehmen weiter an, dass alle Körper ruhen, dann ergiebt sich

$$E_1 = -L_1\frac{di_1}{dt} - M_2\frac{di_2}{dt} - M_3\frac{di_3}{dt} - \ldots\ldots \quad (B''$$

Die Faktoren L heissen Koeffizienten der Selbstinduktion, die Faktoren M Koeffizienten der gegenseitigen Induktion. Die zugehörige Einheit ist der Quadrant ($= 10^7$ Meter).

Wenn an einer Stelle eines Stromkreises eine grosse Zahl $-\Delta F_1$ von Kraftlinien austritt, gleichzeitig aber an einer andern Stelle eine annähernd ebensogrosse Zahl $+\Delta F_2$ von Kraftlinien eintritt, so kann die gesamte Änderung der Kraftlinienzahl im Stromkreise $\Delta F = \Delta F_1 + \Delta F_2$ sehr klein sein, folglich auch die gesamte EMK E und die in Wärme umgesetzte Leistung L_w. Hierauf beruht die wirtschaftliche Möglichkeit der elektrischen Leistungsübertragung. Der elektrische Wirkungsgrad der

Übertragung erreicht sein theoretisches Maximum: 100 Prozent, wenn $\Delta F = 0$, also

$$\Delta F_2 = -\Delta F_1$$

ist, d. h. wenn die EM-Gegenkraft $-E_2$ des Motors gleich der EMK $+E_1$ des Generators ist.

Die elektrisierenden Kräfte, die durch die elektromagnetische Induktion entstehen, sind die einzigen, die für uns hier in Betracht kommen.

Widerstand. Die Versuche haben ergeben, dass $\mathfrak{D}_i$ unter sonst gleichen Umständen immer $\mathfrak{E}$ proportional ist:

$$\mathfrak{D}_i = \lambda \mathfrak{E}.$$

λ hängt nur von dem Leitermaterial (d. h. von seiner chemischen und physikalischen Beschaffenheit) ab und wird seine spezifische Leitfähigkeit genannt. Wenn der Strom konisch verläuft, können wir auch schreiben:

$$\frac{dl}{\lambda} \cdot \frac{i}{q} = \mathfrak{E} \,.\, dl = dE.$$

Da der Strom i zu derselben Zeit in allen Drahtquerschnitten derselbe ist, so erhalten wir

$$i \int \frac{dl}{\lambda q} = E.$$

Die Grösse

$$\int \frac{dl}{\lambda q} = w$$

heisst der Leitungswiderstand des Stromkreises. Die zugehörige Einheit ist das Ohm ($= 10^9$ cm/sek). Also ist

$$wi = E, \quad \ldots\ldots\ldots \quad (IV$$

oder wenn wir den Spannungsverlust als eine hinzugekommene EMK $\varepsilon = -wi$ ansehen,

$$E + \varepsilon = 0.$$

Daraus folgt die in der Zeiteinheit in Wärme umgesetzte Energie

$$L_w = i\,10^{-1} \,.\, E\,10^8 = i\,10^{-1} \,.\, wi \,.\, 10^8$$

$$L_w = w\,10^9 \,.\, (i\,10^{-1})^2 \quad \ldots\ldots\ldots \quad (IV'$$

(Gesetze von Ohm und Joule.)

Wenn der Strom zylindrisch (Wechselstrom in einem geraden Draht von konstantem Querschnitt) oder überhaupt ganz unregelmässig verläuft, so wird der Widerstand durch das Verhältnis

$$\frac{L_w}{(i\,10^{-1})^2} = w\,10^9$$

definiert. (Wechselstromwiderstand.)

Klemmenspannung. Für den ganzen Stromkreis galt

$$E + \varepsilon = 0.$$

Wenn man den Stromkreis in zwei Teile zerlegt, so bekommt man

$$(E_1 + E_2) + (\varepsilon_1 + \varepsilon_2) = 0$$

oder

$$E_1 + \varepsilon_1 = -(E_2 + \varepsilon_2) = +K_1 = -K_2.$$

Die Grösse K heisst Klemmenspannung. Ihr Vorzeichen hängt davon ab, auf welchen Teil des Stromkreises man sie bezieht.

Magnetischer Rückstand. Nach unserer Darstellung erzeugen elektrische Ströme magnetisierende Kräfte, Änderungen in magnetischen Feldern elektrisierende Kräfte. Wenn es für diese Kräfte überhaupt keine anderen Entstehungsarten gäbe, so wäre ein Anfang, eine Einleitung dieser Vorgänge demnach unmöglich. Hier hilft namentlich die Thatsache, dass die ferromagnetischen Körper beim Verschwinden der elektrischen Ströme eine gewisse MMK M_r zurückbehalten (Dynamoprinzip). Die zugehörige magnetisierende Kraft $\mathfrak{M}_r$ heisst die Koërzitivkraft des Stoffes.

Die Mittelwerte periodisch veränderlicher Grössen. Der Mittelwert einer periodischen Funktion x der Zeit t

$$x = a \,.\, \sin 2\pi \left(\frac{t}{T} + \varphi\right)$$

ist für eine ganze Zahl von Perioden T Null. Denn zu jedem Werte von x lässt sich innerhalb derselben Periode (deren Zählung nicht zu einer Zeit, wo $x = 0$ ist, zu beginnen braucht) ein entgegengesetzt gleicher Wert finden. Dagegen ist der Mittelwert von x für die Zeit zwischen zwei aufeinanderfolgenden Werten $x = 0$

$$x_{mittel} = \frac{a}{\left(\frac{T}{2}\right)} \int_{(n-\varphi)T}^{(n-\varphi+\frac{1}{2})T} \sin 2\pi \left(\frac{t}{T} + \varphi\right) . \, dt$$

$$= \frac{2a}{T}\left[-\frac{T}{2\pi}\cos 2\pi\left(\frac{t}{T} + \varphi\right)\right]_{\frac{t}{T} = n - \varphi}^{\frac{t}{T} = n - \varphi + \frac{1}{2}}$$

$$= -\frac{a}{\pi}\left[\cos (2n+1)\pi - \cos 2n\pi\right]$$

$$= \frac{2}{\pi} a = 0{,}637\, a.$$

Der Mittelwert von

$$x^2 = \frac{a^2}{2} - \frac{a^2}{2} \cos 4\pi \left(\frac{t}{T} + \varphi\right)$$

ist für jede ganze Zahl von halben Perioden

$$(x^2)_{mittel} = \frac{1}{2} a^2.$$

Denn der Mittelwert des zweiten Gliedes ist für jede ganze Zahl von halben Perioden Null. Der Wert

$$\sqrt{(x^2)_{mittel}} = \frac{a}{\sqrt{2}} = 0{,}707\, a$$

wird als quadratischer Mittelwert von x bezeichnet.

Hat man noch eine zweite periodisch veränderliche Grösse y von derselben Periode T

$$y = b \, . \sin 2\pi \left(\frac{t}{T} + \psi\right)$$

und bildet man das Produkt

$$xy = \frac{ab}{2} \cos 2\pi (\varphi - \psi) - \frac{ab}{2} \cos 2\pi \left(\frac{t}{\left(\frac{T}{2}\right)} + \varphi + \psi\right),$$

so erhält man als Mittelwert dieses Produktes

$$(xy)_{mittel} = \frac{ab}{2} \, . \cos 2\pi (\varphi - \psi)$$

$$= \sqrt{(x^2)_{mittel}} \, . \sqrt{(y^2)_{mittel}} \, . \cos 2\pi (\varphi - \psi).$$

Wenn im besonderen x eine Wechselspannung und y einen Wechselstrom bedeutet, so gilt folgendes:

1. Bei Instrumenten, deren Ausschlag von der ersten Potenz des Stromes abhängt (Galvanometer, Voltameter), erhält man für jeden beliebigen Wechselstrom den Ausschlag Null, weil der Mittelwert des Stromes Null ist.

2. Instrumente, deren Ausschlag von der zweiten Potenz des Stromes abhängt (Dynamometer, Kalorimeter), geben den quadratischen Mittelwert des Stromes an. Dieser wird auch effektiver Wert genannt.

3. Um die mittlere Leistung zu erhalten, hat man das Produkt aus den effektiven Werten von Strom und Spannung noch mit dem Kosinus des Winkels der Phasenverschiebung zu multiplizieren. Dieser Kosinus wird daher auch als Leistungsfaktor bezeichnet.

Die Summe von Sinusfunktionen. Es sei hier noch auf einige goniometrische Umformungen aufmerksam gemacht, die sonst weniger gebraucht werden. Eine Grösse

$$x = M \sin \vartheta + N \cos \vartheta$$

lässt sich auch schreiben:

$$x = \sqrt{M^2 + N^2} \left(\frac{M}{\sqrt{M^2 + N^2}} \, . \sin \vartheta + \frac{N}{\sqrt{M^2 + N^2}} \, . \cos \vartheta \right),$$

oder wenn man

$$M^2 + N^2 = R^2$$

und

$$\frac{N}{M} = \operatorname{tg} \varrho$$

setzt,

$$x = R \left(\sin \vartheta \, . \cos \varrho + \cos \vartheta \, . \sin \varrho \right)$$

oder

$$x = R \, . \sin (\vartheta + \varrho).$$

Eine Grösse

$$y = A \, . \sin (\vartheta + \alpha) + B \, . \sin (\vartheta + \beta)$$

lässt sich auf die Form von x zurückführen. Wenn man die Klammern auflöst und nach $\sin \vartheta$ und $\cos \vartheta$ ordnet, erhält man

$$M = A \cos \alpha + B \cos \beta$$
$$N = A \sin \alpha + B \sin \beta.$$

Also ist

$$A \, . \sin (\vartheta + \alpha) + B \, . \sin (\vartheta + \beta) = R \, . \sin (\vartheta + \varrho),$$

wenn

$$R^2 = A^2 + B^2 + 2 A B \, . \cos (\alpha - \beta)$$

und

$$\operatorname{tg} \varrho = \frac{A \sin \alpha + B \sin \beta}{A \cos \alpha + B \cos \beta}$$

ist. Diese Formel bildet die Grundlage für die graphische Behandlung von Sinusfunktionen der Zeit, die dieselbe Periode haben.

Zweiter Teil.

Selbstinduktion und Streuung.

Wenn eine Erscheinung W immer regelmässig auf eine andere U zeitlich folgt, so nennen wir U die Ursache von W und W die Wirkung von U. Es handelt sich dann meist um messbare Grössen, und die Erfahrung lehrt eine Beziehung zwischen W und U

$$W = f(U).$$

Diese Beziehung nennen wir ein Naturgesetz.

Oft zeigt sich die Ursache mehrteilig, es wirken mehrere gleichartige, nur der Grösse nach verschiedene Ursachen U_1, U_2, U_3 . . . . . Die Wirkung ist dann dieselbe, als wenn nur eine einzige Ursache wirkte, die der Grösse nach gleich der Summe der einzelnen Ursachen ist,

$$\Sigma U = U_1 + U_2 + U_3 + \ldots\ldots$$

und

$$W = f(\Sigma U).$$

Besonders einfach ist die vorhandene Beziehung, wenn

$$f(U_1 + U_2 + U_3 + \ldots\ldots) = f(U_1) + f(U_2) + f(U_3) + \ldots\ldots$$

oder

$$W = f(\Sigma U) = \Sigma f(U)$$

ist. Wir können dann setzen

$$f(U_1) = W_1$$
$$f(U_2) = W_2$$
$$f(U_3) = W_3$$

u. s. f. und daher schreiben

$$W = W_1 + W_2 + W_3 + \ldots\ldots$$

oder

$$W = \Sigma W_n.$$

Wir erhalten also die Gesamtwirkung, indem wir die Wirkungen addieren, die jede Ursache für sich hätte, wenn sie allein aufträte.

Dieses Verfahren nennt man bekanntlich Überlagerung oder Superposition. Die Grössen W_1, W_2, W_3 . . . . . bezeichnen wir als *fiktive* Grössen.

Offenbar ist aber die Voraussetzung hierfür

$$f(\Sigma U) = \Sigma f(U)$$

nur erfüllt, wenn Proportionalität herrscht, wenn also

$$W = c \,.\, U$$

ist. Es ist also festzuhalten: Überlagerung ist nur zulässig, wenn die Wirkung der Ursache proportional ist.

I.

Proportionalität herrscht bekanntlich bei Abwesenheit von Eisen, Nickel u. s. w. zwischen der Stärke eines magnetischen Feldes und dem erzeugenden Strome. Wenn die Kraftliniendichte nicht zu hoch ist (etwa bis 6000), so kann man auch für Eisen (Ankerblech) annähernd Proportionalität annehmen.

Wir wenden daher die eben angestellten allgemeinen Betrachtungen auf die Berechnung der Felder im Wechselstromtransformator an. Die Physik hat sich, noch ehe es eine Elektrotechnik gab, an die Lösung dieser Aufgabe gemacht und hierbei von dem Verfahren der Überlagerung Gebrauch gemacht. Wir beginnen deshalb mit der Überlagerung.

Die beiden Gleichungen für die primäre und sekundäre Klemmenspannung K_1 und K_2 des Transformators lauten bekanntlich:[1])

$$\left.\begin{aligned} -K_1 &= -w_1 i_1 + E_1 \\ +K_2 &= -w_2 i_2 + E_2 \end{aligned}\right\} \quad . \; . \; . \; . \; . \; . \; . \quad (1)$$

wobei

$$\left.\begin{aligned} E_1 &= -L_1 \frac{di_1}{dt} - M_{2,1} \frac{di_2}{dt} \\ E_2 &= -L_2 \frac{di_2}{dt} - M_{1,2} \frac{di_1}{dt} \end{aligned}\right\} \quad . \; . \; . \; . \; . \quad (2)$$

die induzierten EMKe bedeuten.

---

[1]) MKF Seite 319 und 350. — Zur Aufstellung dieser Gleichungen hat die Beobachtung geführt, dass die induzierte EMK der Änderungsgeschwindigkeit des Stromes, seiner „Schwellung" (WIECHERT), seinem „Anstieg" (COHN) proportional ist. Man ist übereingekommen, die Proportionalitätsfaktoren L_1, L_2, $M_{1,2}$, $M_{2,1}$ als Induktionskoeffizienten zu bezeichnen. Die folgenden Erörterungen haben im wesentlichen den Zweck, den Sinn dieser Induktionskoeffizienten in der Kraftlinientheorie zu zeigen.

Andererseits erzeugt ein Feld F (d. h. von F Kraftlinien) in einer Spule von N Windungen eine EMK

$$E = -N\frac{dF}{dt}.$$

Dementsprechend setzen wir (zunächst rein mathematisch)

$$L_1\frac{di_1}{dt} = N_1\frac{d(F_1')}{dt}$$

$$M_{2,1}\frac{di_2}{dt} = N_1\frac{d(F_1'')}{dt}$$

$$L_2\frac{di_2}{dt} = N_2\frac{d(F_2'')}{dt}$$

$$M_{1,2}\frac{di_1}{dt} = N_2\frac{d(F_2')}{dt}.$$

Da die Induktionskoeffizienten L und M und die Windungszahlen N als konstant anzusehen sind, so ist

$$\left.\begin{aligned} F_1' &= \frac{L_1}{N_1}i_1 = l_1 i_1 \\ F_1'' &= \frac{M_{2,1}}{N_1}i_2 = m_2 i_2 \\ F_2'' &= \frac{L_2}{N_2}i_2 = l_2 i_2 \\ F_2' &= \frac{M_{1,2}}{N_2}i_1 = m_1 i_1 \end{aligned}\right\} \quad \ldots\ldots\ldots \quad (3)$$

Die Bedeutung dieser Felder ist klar. Wenn nur die primäre Spule Strom führte, so würde das Feld in der primären Spule F_1', das Feld in der sekundären Spule F_2' sein. Wenn dagegen nur die sekundäre Spule Strom führte, so wäre das Feld in der primären Spule F_1'' und in der sekundären Spule F_2''. Es sind also fiktive Felder.

Wir können demnach mit J. K. Sumec passend l_1 und l_2 die *Selbstmagnetisierungskoeffizienten* nennen und m_1 und m_2 die *Koeffizienten der gegenseitigen Magnetisierung.*[2])

Den fiktiven Feldern

$$F_1' = l_1 i_1$$

$$F_2' = m_1 i_1$$

$$F_1'' = m_2 i_2$$

$$F_2'' = l_2 i_2$$

entsprechen die fiktiven EMKe

[2]) ZfE 1901, Heft 15.

$$E_1' = -L_1 \frac{di_1}{dt}$$

$$E_2' = -M_{1,2} \frac{di_1}{dt}$$

$$E_1'' = -M_{2,1} \frac{di_2}{dt}$$

$$E_2'' = -L_2 \frac{di_2}{dt}.$$

Es überlagern sich F_1' und F_1'' zu einem „resultierenden“ primären Felde F_1 und ebenso F_2' und F_2'' zu einem „resultierenden“ sekundären Felde F_2.[3]) Wir haben also

$$\left.\begin{aligned} F_1 &= F_1' + F_1'' = l_1 i_1 + m_2 i_2 \\ F_2 &= F_2' + F_2'' = m_1 i_1 + l_2 i_2 \end{aligned}\right\} \quad \ldots\ldots \quad (4)$$

Entsprechend ist

$$E_1 = E_1' + E_1''$$

$$E_2 = E_2' + E_2''.$$

Daher können wir andererseits auch sagen

$$\left.\begin{aligned} E_1 &= -N_1 \frac{d(F_1)}{dt} \\ E_2 &= -N_2 \frac{d(F_2)}{dt} \end{aligned}\right\} \quad \ldots\ldots\ldots \quad (5)$$

Es ist klar, dass überall die Augenblickswerte der Wechselströme einzusetzen sind, nicht ihre allein messbaren Mittelwerte. Um uns die Verhältnisse klarer zu machen, denken wir uns jede Spule für sich mit Gleichstrom gespeist und zwar so, dass sie magnetisch einander entgegenwirken. Dann sind die „resultierenden“ Felder

$$\left.\begin{aligned} F_1 &= F_1' - F_1'' = l_1 i_1 - m_2 i_2 \\ F_2 &= F_2' - F_2'' = m_1 i_1 - l_2 i_2 \end{aligned}\right\} \quad \ldots\ldots \quad (6)$$

Auch der primäre und der sekundäre Wechselstrom wirken einander entgegen. Wenn wir aber jetzt auf die Mittelwerte der Wechselströme und Wechselfelder übergehen, so können wir nicht mehr einfach subtrahieren, weil der primäre und sekundäre Strom im Transformator zwar annähernd, aber nicht genau 180° Phasen-

[3]) Es ist logisch nicht richtig, die fiktiven Felder als „Teilfelder“ zu bezeichnen, wie es zuweilen geschieht; denn Teile eines ganzen bestehen nebeneinander in verschiedenen Räumen.

verschiebung gegeneinander haben, sondern wegen des Magnetisierungsstromes, d. h. wegen des zur Magnetisierung nötigen Überschusses etwas weniger. Um mit Mittelwerten oder mit Amplituden rechnen zu können, müssen wir *Polardiagramme* zeichnen.

Bekanntlich kann man eine Sinusfunktion der Zeit durch die Projektion einer der Amplitude entsprechenden, festliegenden konstanten Strecke auf eine beliebige Gerade darstellen, wenn diese Gerade mit konstanter Winkelgeschwindigkeit um einen beliebigen Punkt rotiert. Und zwar muss die Dauer einer Umdrehung gleich der Dauer einer Periode sein.[4]) Wenn man zwei Funktionen von derselben Periode, aber verschiedener Phase addieren und alle gleichzeitigen Augenblickswerte auf derselben einen Geraden erhalten will, so muss man daher die den Amplituden entsprechenden festliegenden Strecken unter Winkeln zusammensetzen, die der Phasenverschiebung entsprechen (Fig. 1). Wir wollen ein- für allemal festsetzen, dass sich die Gerade rechtsherum (im Sinne des Uhrzeigers) dreht. Die messbaren (sogenannten quadratischen) Mittelwerte (auch Effektivwerte genannt) stehen zu den Amplituden in dem konstanten Verhältnis $1 : \sqrt{2}$. —

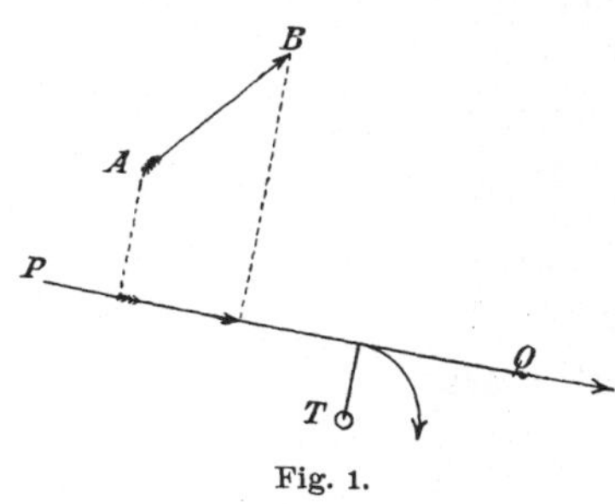

Fig. 1.

In Fig. 2 stellen Oi_1 und Oi_2 die beiden Ströme dar. Wenn nur der primäre Strom vorhanden wäre, so müssten natürlich alle Felder dieselbe Phase haben wie er. Das primäre Feld würde dann etwa OF_1', das sekundäre OF_2' sein. Wenn nur der sekundäre Strom vorhanden wäre, so würde das sekundäre Feld OF_2'', das primäre Feld OF_1'' sein. Da in Wirklichkeit beide Ströme vorhanden sind, so überlagern sich OF_1' und OF_1'' und es entsteht das primäre „resultierende" Feld OF_1. Ebenso überlagern sich OF_2' und OF_2'' und es entsteht das „resultierende" sekundäre Feld OF_2.

[4]) ETZ 1898, Seite 164: Görges, Über die graphische Darstellung des Wechselpotentiales.

Bei Verschiedenheit des primären und sekundären Feldes spricht man von magnetischer *Streuung.* Die Abwesenheit von Streuung hat man ausgedrückt durch

$$M_{1,2} \,.\, M_{2,1} = L_1 \,.\, L_2.$$

Wenn Streuung vorhanden ist, so ist

$$M_{1,2} \,.\, M_{2,1} < L_1 \,.\, L_2,$$

oder, wie man mit Dr. Behn-Eschenburg auch schreiben kann,[5])

$$M_{1,2} \,.\, M_{2,1} = (1 - \sigma) L_1 L_2 \quad . \; . \; . \; . \; . \; . \quad (7)$$

Die Zahl σ ist offenbar ein Mafs für die Grösse der Gesamtstreuung. Sie spielt z. B. eine grosse Rolle bei den Drehstrommotoren (σ = Verhältnis des Stromes bei Leerlauf zum Strome bei Stillstand, auch andere wichtige charakteristische Zahlen hängen nur von σ ab).

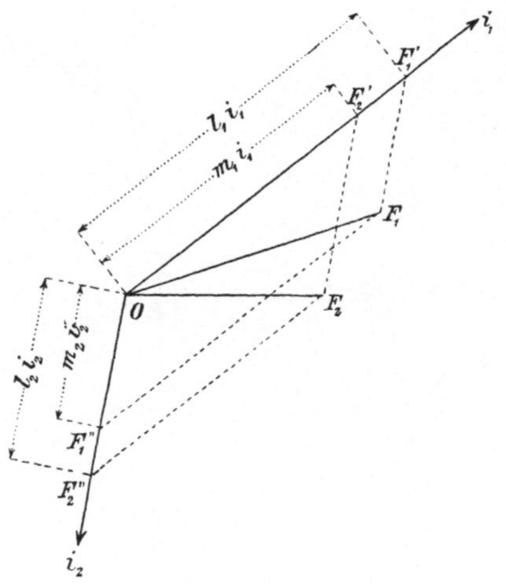

Fig. 2.

Die Magnetisierungskoeffizienten l_1, l_2, m_1, m_2 erlauben uns die Streuung bestimmter auszudrücken, als mit der einen Zahl σ. Wenn keine Streuung vorhanden ist, so ist offenbar

$$F_1' = F_2'$$

und

$$F_1'' = F_2'',$$

woraus

$$l_1 = m_1$$

und

$$l_2 = m_2$$

folgt. Sobald Streuung auftritt, wird

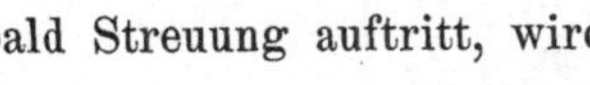

$$l_1 > m_1$$

und

$$l_2 > m_2.$$

Indem wir uns erinnern, wie Hopkinson die Streuung bei der Berechnung von Gleichstrommaschinen durch einen Streuungskoeffizienten $\nu > 1$ berücksichtigte,[6]) können wir auch schreiben

---

[5]) ETZ 1893 und 1894, Heft 13.

[6]) Nicht alle von den Schenkelspulen erzeugten Kraftlinien durchsetzen den Anker. Hopkinson bezeichnete daher das Verhältnis

$$\left.\begin{array}{l} l_1 = \nu_1 m_1 \\ l_2 = \nu_2 m_2 \end{array}\right\} \quad . \quad . \quad . \quad . \quad . \quad . \quad . \quad . \quad . \quad (8)$$

Wir erhalten so an Stelle des einen Streuungskoeffizienten σ zwei Streuungskoeffizienten, einen primären ν_1 und einen sekundären ν_2. Die fiktiven Felder können wir jetzt so ausdrücken:

$$\begin{aligned} F_1' &= \nu_1 F' \\ F_2' &= F' \\ F_1'' &= F'' \\ F_2'' &= \nu_2 F'' \end{aligned}$$

(siehe Fig. 3). Der Behn-Eschenburgsche Streuungskoeffizient σ und die beiden Hopkinsonschen ν_1 und ν_2 sind nach (3) und (7) offenbar verbunden durch

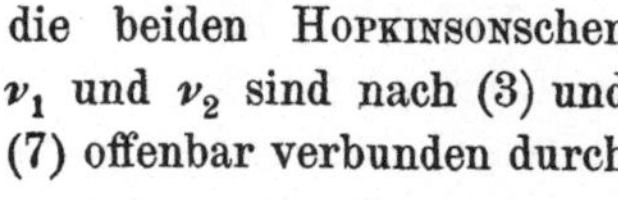

Fig. 3.

$$1 - \sigma = \frac{1}{\nu_1 \nu_2} \quad . \quad . \quad (9)$$

Die Darstellungsweise mit Hopkinsonschen Streuungskoeffizienten rührt von André Blondel her.[7])

Die Ungleichungen

$$\begin{aligned} l_1 &> m_1 \\ l_2 &> m_2 \end{aligned}$$

können wir zweckmässig noch auf eine andere Weise durch Gleichungen ersetzen, wenn wir mit Alexander Heyland schreiben:[8])

$$\left.\begin{array}{l} l_1 = m_1 + \lambda_1 \\ l_2 = m_2 + \lambda_2 \end{array}\right\} \quad . \quad . \quad . \quad . \quad . \quad . \quad . \quad (10)$$

$$\frac{\text{Schenkelfeld}}{\text{Ankerfeld}} = \nu$$

als Streuungskoeffizienten der Maschine. Dieser sollte eine charakteristische Erfahrungskonstante für die Form des Polgehäuses sein, was jedoch bei Gleichstrommaschinen nicht richtig ist, weil sie meist über dem „Knie" der Magnetisierungskurve arbeiten. ν wächst dann mit der Erregung.

[7]) L'Eclairage Electrique (Paris) 1895, No. 34, Seite 358 ff., ETZ 1895, Seite 625.

[8]) ETZ 1894, Heft 41.

λ_1 und λ_2 können wir die *Magnetisierungskoeffizienten der Streuung* nennen und

$$\left.\begin{aligned} \varLambda_1 &= N_1\lambda_1 \\ \varLambda_2 &= N_2\lambda_2 \end{aligned}\right\} \quad . \quad . \quad . \quad . \quad . \quad . \quad . \quad . \quad (11)$$

die *Koeffizienten der Induktion durch Streuung.* Wir haben also zu unterscheiden 1. die Selbstinduktionskoeffizienten L_1 und L_2, 2. die Koeffizienten der gegenseitigen Induktion $M_{1,2}$ und $M_{2,1}$, 3. die Induktionskoeffizienten der Streuung $\varLambda_1$ und $\varLambda_2$.

In der heutigen elektrotechnischen Litteratur werden $\varLambda_1$ und $\varLambda_2$ sehr oft fälschlich als Selbstinduktionskoeffizienten bezeichnet. Nach dem Gesagten ist es aber klar, dass die Induktion durch Streuung nur ein (meist kleiner) Teil der Selbstinduktion ist. Es liegt hier also ein Missbrauch des Wortes Selbstinduktion vor, auf das die Physik ein älteres Recht hat.

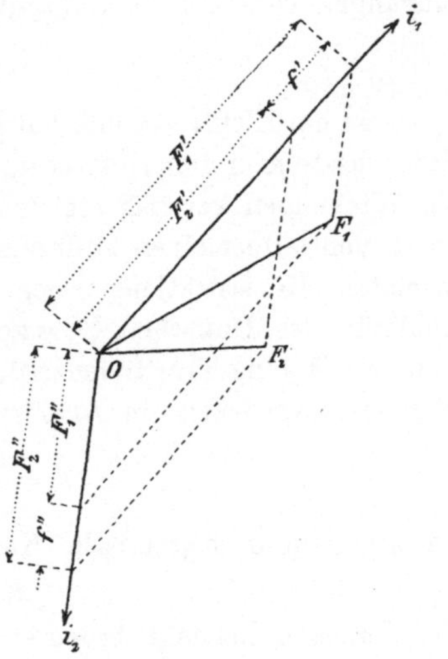

Fig. 4.

Die *Streufelder* sind also

$$\left.\begin{aligned} f' &= F_1' - F_2' = \lambda_1 i_1 \\ f'' &= F_2'' - F_1'' = \lambda_2 i_2 \end{aligned}\right\} \quad . \quad . \quad (12)$$

(siehe Fig. 4). Die EMKe

$$e' = -\varLambda_1 \frac{di_1}{dt} = -N_1 \frac{d(f')}{dt}$$

$$e'' = -\varLambda_2 \frac{di_2}{dt} = -N_2 \frac{d(f'')}{dt}$$

heissen *Streuspannungen.*

Wenn wir die Gleichungen (10) durch m_1 und m_2 dividieren, so erhalten wir

$$\frac{l_1}{m_1} = 1 + \frac{\lambda_1}{m_1}$$

$$\frac{l_2}{m_2} = 1 + \frac{\lambda_2}{m_2}$$

oder, indem wir mit Heyland

$$\left.\begin{aligned} \lambda_1 &= \tau_1 m_1 \\ \lambda_2 &= \tau_2 m_2 \end{aligned}\right\} \quad . \quad . \quad . \quad . \quad . \quad . \quad . \quad . \quad (13)$$

setzen,[9])

[9]) The Electrician (London) 1896, Seite 505 ff.; ETZ 1896, Heft 41.

$$\left.\begin{array}{l}\nu_1 = 1 + \tau_1 \\ \nu_2 = 1 + \tau_2\end{array}\right\} \quad \ldots \ldots \ldots \quad (14)$$

Die HEYLANDschen Streufaktoren τ_1 und τ_2 lassen in den allgemeinen Gleichungen offenbar den Einfluss der Streuung, da sie ihr direkt proportional sind, reiner und deutlicher erkennen als die HOPKINSONschen ν_1 und ν_2.

Die Überlagerung von fiktiven Wechselfeldern, deren sich die Physik schon vor sehr langer Zeit bedient hat, um die Wirkungen im Wechselstromtransformator zu berechnen, dürfte nach diesen Ausführungen vollkommen klar geworden sein.

II.

In der Elektrotechnik hat man einen andern Weg eingeschlagen. Hier musste man danach streben, schon aus der Konstruktionszeichnung die Wirkungen vorausberechnen zu können. Daher ging man auch nicht von allgemeinen Differentialgleichungen aus, sondern von bestimmten Konstruktionsformen. Hierbei leistete die magnetische Analogie des OHMschen Gesetzes[10]) sehr gute Dienste. Bezeichnet man mit F eine Kraftlinienzahl, mit M die magnetomotorische Kraft (MMK), ausgedrückt in Amperwindungen, und mit

$$C = \frac{4\pi}{10} \Sigma \mu \frac{Q}{l} \quad \ldots \ldots \ldots \quad (15)$$

die sogenannte magnetische Kapazität[11]) oder Leitfähigkeit, so ist

$$F = CM \quad \ldots \ldots \ldots \quad (16)$$

(Das Summenzeichen Σ bedeutet hierbei nicht eine blosse algebraische Addition, sondern eine richtige Vereinigung der einzelnen Ausdrücke $\mu \frac{Q}{l}$, bei Reihenschaltung z. B. die reziproke Summe der reziproken Werte dieser Ausdrücke.) Die magnetische Leitfähigkeit C liess sich nun meist leicht genügend genau aus der Zeichnung berechnen. Die Betrachtung konnte dadurch noch sehr vereinfacht werden, dass man die magnetische Permeabilität μ und damit auch die Kapazität C des Eisens als unendlich gross annehmen durfte gegenüber der magnetischen Kapazität der unvermeidlichen Luft-

---

10) MKF Seite 105.

11) Die sehr treffende Bezeichnung „magnetische Kapazität“ für den reziproken Wert des sogenannten magnetischen Widerstandes stammt von Ober-Telegrapheningenieur Prof. Dr. STRECKER.

schichten, weil man in der Wechselstromtechnik meist nur mit geringen Kraftliniendichten arbeitet, um die mit der Ummagnetisierung verknüpften Verluste durch Hysteresis und Wirbelströme nicht zu sehr anwachsen zu lassen. Man konnte also davon ausgehen, dass zur Magnetisierung des Eisens keine Amperwindungen nötig seien.

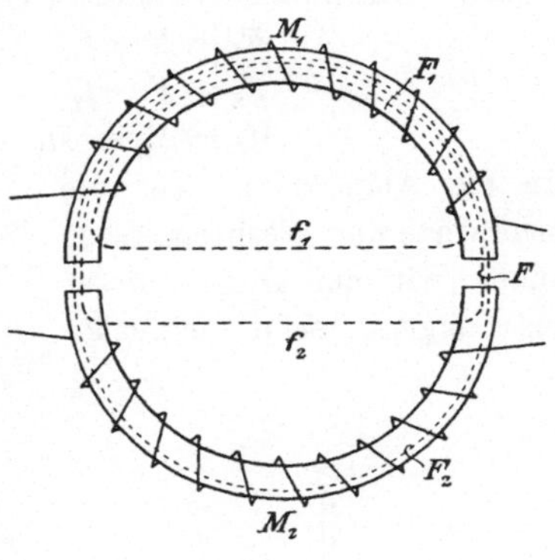

Fig. 5a.

Auch wir wollen hier von bestimmten Konstruktionsformen ausgehen. Fig. 5a stellt uns einen Transformator mit sehr grosser Streuung dar, da die primäre und die sekundäre Spule sich nicht auf demselben Kern befinden. Der Eisenring ist zweiteilig. Die primäre Spule wird von F_1 Kraftlinien durchsetzt. Davon treten aber nur F Kraftlinien in die andere Ringhälfte über. Der Rest von f_1 Kraftlinien kehrt durch die Luft in die erste Ringhälfte zurück. Aber auch nicht die F Kraftlinien gehen sämtlich durch die sekundäre Spule, sondern es schwenken vorher f_2 Kraftlinien durch die Luft ab. Schliesslich gehen durch die sekundäre Spule thatsächlich nur noch F_2 Kraftlinien.

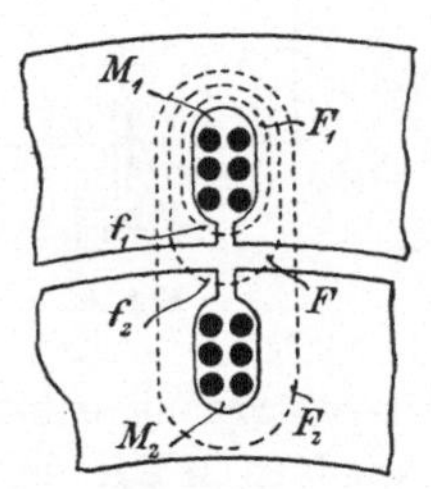

Fig. 5b.

Fig. 5 b ist ein Ausschnitt aus Ständer und Läufer eines Drehstrommotors mit den eingestanzten Nuten. Die Kraftlinien verlaufen hier offenbar ganz ähnlich wie in dem Transformator.

Für eine solche Kraftlinienverteilung können wir leicht eine elektrische Analogie aufstellen durch Fig. 6. Bei den elektrischen Strömen ist uns ja die Anwendung der Gesetze von Ohm und Kirchhoff geläufiger. In einem Stromkreis sind zwei EMKe M_1 und M_2 gegeneinander geschaltet. Es ist $M_1 > M_2$. Bei M_1 fliesst ein Strom F_1. Dieser verliert durch den Nebenschluss mit der geringen Leitfähigkeit C_1 einen kleinen Teil f_1. Der grössere Teil F fliesst durch den Widerstand mit der Leitfähigkeit C und verzweigt sich dann. Durch den zweiten Nebenschluss mit der kleinen Leitfähigkeit C_2 geht wieder ein kleiner Zweigstrom f_2 verloren. Es bleibt nur noch der Strom F_2 übrig. Dieser fliesst durch die Zelle M_2.[12])

Es lassen sich nach den KIRCHHOFFschen Gesetzen jetzt leicht folgende Beziehungen aufstellen (M_r = resultierende EMK):

$$\left.\begin{aligned} F_1 &= F + f_1 & F &= C M_r \\ F_2 &= F - f_2 & f_1 &= C_1 M_1 \\ M_r &= M_1 - M_2 & f_2 &= C_2 M_2 \end{aligned}\right\} \quad \ldots \ldots \quad (17)$$

Für die Amplituden oder die Mittelwerte der Wechselgrössen können wir auf Grund dieser Beziehungen leicht folgendes

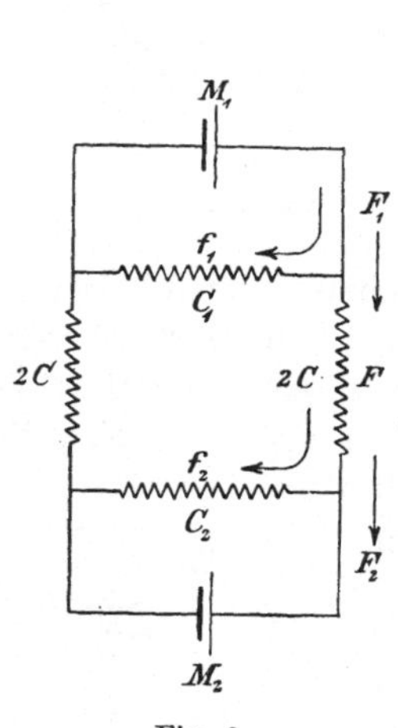

Fig. 6.

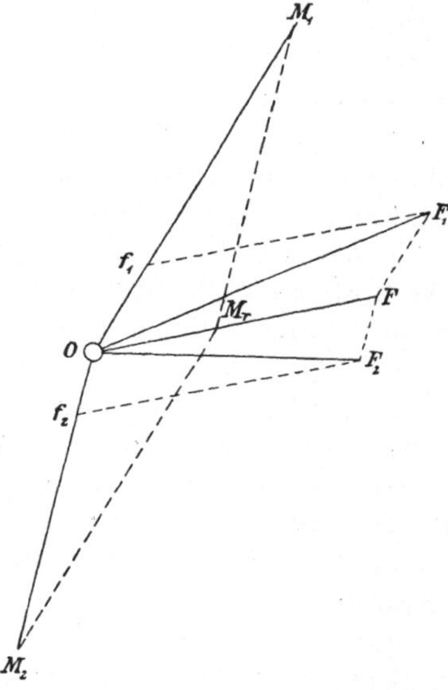

Fig. 7.

Polardiagramm entwerfen (Fig. 7). Die primäre MMK M_1 und die sekundäre MMK M_2 setzen sich zu einer resultierenden MMK M_r zusammen. In Phase und proportional mit M_r ist das Luftfeld F, das vom Ständer zum Läufer übergeht. Dieses ergiebt zusammen mit dem sekundären Streufelde f_2, das in Phase und proportional mit der sekundären MMK M_2 ist, das sekundäre Feld F_2. Zu F tritt andererseits das primäre Streufeld f_1 hinzu, proportional und in

[12]) Vergleiche hierzu ETZ 1898, Seite 510: SUMEC, Streuung bei elektrischen Maschinen.

Phase mit der primären MMK M_1. Dadurch entsteht das primäre Feld F_1.

Es handelt sich jetzt noch darum, diese Ergebnisse mit unseren früheren Betrachtungen zu verknüpfen. Da

$$M_1 = i_1 N_1$$

und

$$M_2 = i_2 N_2$$

ist, so können wir die Gleichungen (12) auch schreiben

$$f' = \frac{\lambda_1}{N_1} M_1$$

$$f'' = \frac{\lambda_2}{N_2} M_2$$

oder, wenn wir

$$\left.\begin{aligned} \frac{\lambda_1}{N_1} &= C_1 \\ \frac{\lambda_2}{N_2} &= C_2 \end{aligned}\right\} \quad \ldots \ldots \ldots \quad (18)$$

setzen,

$$\left.\begin{aligned} f' &= C_1 M_1 = f_1 \\ f'' &= C_2 M_2 = f_2 \end{aligned}\right\} \quad \ldots \ldots \ldots \quad (19)$$

Ebenso können wir auch die vierte und zweite der Gleichungen (3) schreiben:

$$F_2' = \frac{m_1}{N_1} M_1$$

$$F_1'' = \frac{m_2}{N_2} M_2.$$

Da ferner bekanntlich

$$\frac{m_1}{N_1} = \frac{m_2}{N_2}$$

ist, können wir

$$\frac{m_1}{N_1} = \frac{m_2}{N_2} = C \quad \ldots \ldots \ldots \quad (20)$$

setzen und schreiben

$$\left.\begin{aligned} F_2' &= C M_1 \\ F_1'' &= C M_2 \end{aligned}\right\} \quad \ldots \ldots \ldots \quad (21)$$

und wenn wir subtrahieren,

$$F_2' - F_1'' = C(M_1 - M_2) = C M_r = F. \quad \ldots \quad (22)$$

Dann ist auch nach (18), (20) und (13)

$$\left.\begin{aligned} \frac{C_1}{C} &= \tau_1 \\ \frac{C_2}{C} &= \tau_2 \end{aligned}\right\} \quad \ldots \ldots \ldots \quad (23)$$

Wir gelangen so zu einer neuen, sehr anschaulichen Auffassung der Streufaktoren.[13]) Die HEYLANDschen Streufaktoren τ_1 und τ_2 sind das Verhältnis der magnetischen Leitfähigkeit eines Streufeldes zu der des Hauptfeldes

$$\tau = \frac{\text{Magn. Leitf. des Streufeldes}}{\text{Magn. Leitf. des Hauptfeldes}}$$

oder

$$\tau = \frac{\text{Magn. Wdstd. des Hauptfeldes}}{\text{Magn. Wdstd. des Streufeldes}}.$$

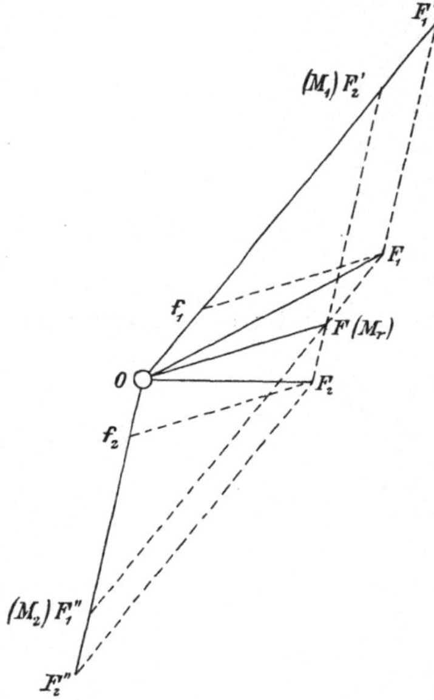

Fig. 8.

Diese Auffassung weist auch darauf hin, wie wir die Streufaktoren berechnen können. Die Berechnung der Streufaktoren kommt also auf eine Berechnung von magnetischen Widerständen

$$\frac{1}{C} = \frac{10}{4\pi} \Sigma \frac{1}{\mu} \frac{l}{Q}$$

hinaus.

Die eben entwickelten Beziehungen zwischen der jetzigen und der früheren Darstellung lassen sich leicht auch graphisch veranschaulichen durch Fig. 8.

Es sei noch auf einen Unterschied in den Bezeichnungen hingewiesen. Was wir früher „resultierendes“ primäres oder sekundäres Feld genannt haben, nennen wir hier schlechtweg primäres oder sekundäres Feld. Denn es giebt nach der jetzigen Auffassung nur ein Feld in jeder Spule, nämlich das wirkliche oder thatsächliche. Von „resultierenden“ Feldern kann nur bei der Überlagerung von fiktiven Feldern die Rede sein. Hier haben wir dagegen die MMKe addiert und eine resultierende

[13]) EMIL COHN, Das elektromagnetische Feld (Leipzig 1900), Seite 266.

MMK erhalten. Wir haben die Ursachen zusammengesetzt, nicht fiktive Einzelwirkungen.[14])

Die bisherigen Polardiagramme enthielten nur die MMKe (elektrischen Ströme) und die Felder. Wir haben noch das Diagramm der Spannungen hinzuzufügen.

Ein Wechselfeld

$$F = F_{max} \, . \sin 2\pi \frac{t}{T}$$

erzeugt in einer Spule von N Windungen eine EMK[15])

$$E = -N \frac{dF}{dt}$$

$$E = -NF_{max} \frac{2\pi}{T} \cos 2\pi \frac{t}{T}.$$

Um die Phase dieser EMK besser erkennen zu können, beseitigen wir das negative Vorzeichen und verwandeln den Cosinus in einen Sinus. Es ist

$$-\cos\alpha = +\sin(\alpha - 90^0) = +\sin(\alpha + 270^0).$$

Zur Abkürzung setzen wir noch

$$2\pi \frac{NF_{max}}{T} = E_{max} \quad \ldots \ldots \quad (24)$$

Dann ist

$$\left.\begin{aligned} E &= E_{max} \, . \sin 2\pi \left(\frac{t}{T} - \frac{1}{4}\right) \\ &\text{oder} \\ E &= E_{max} \, . \sin 2\pi \left(\frac{t}{T} + \frac{3}{4}\right) \end{aligned}\right\} \quad (25)$$

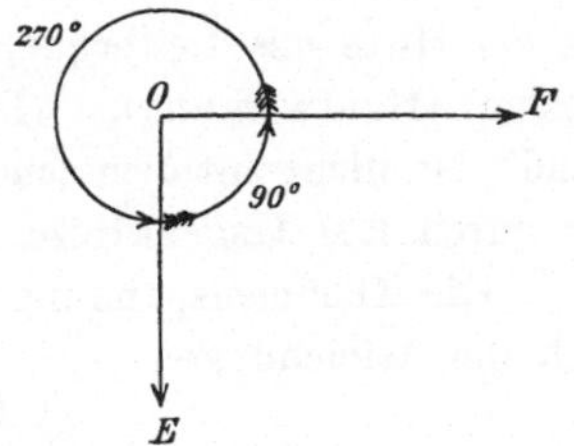

Fig. 9.

Die EMK eilt dem induzierenden Felde also um $\frac{1}{4}$ Periode oder 90^0 nach, oder eilt ihm um $\frac{3}{4}$ Perioden oder 270^0 vor. F und E werden also in ihrer gegenseitigen Lage dargestellt durch Fig. 9.

Ferner ist die Spannungsamplitude der Feldamplitude proportional. Der effektive Wert[16]) der EMK ist

[14]) Auch mit fiktiven elektrischen Strömen operiert der Techniker nicht. Daher liest man von Extraströmen nur in physikalischen, niemals aber in eigentlich elektrotechnischen Werken.

[15]) MKF Seite 265—266 und 289—290.

[16]) MKF Seite 348.

$$E_{eff} = \frac{E_{max}}{\sqrt{2}} = \frac{2\pi}{\sqrt{2}} \frac{N F_{max}}{T}$$

$$E_{eff} = 4{,}44 \frac{N F_{max}}{T} \quad \ldots\ldots\ldots \quad (26)$$

Wünscht man die EMK in Volt auszudrücken, so hat man $E_{eff} \cdot 10^8$ für E_{eff} zu setzen.

Wir werden also die primäre EMK E_1 um 90^0 hinter dem primären Felde F_1 und diesem proportional zeichnen, ebenso die sekundäre EMK E_2 proportional und um 90^0 zurück hinter dem sekundären Felde F_2.

Die ohmischen Spannungsverluste wirken wie zwei EMKe[17])

$$\varepsilon_1 = -w_1 i_1$$
$$\varepsilon_2 = -w_2 i_2.$$

Sie sind also proportional und in Phase mit dem primären und sekundären Strom, oder was dasselbe ist, mit der primären und sekundären MMK. Strenger ausgedrückt, haben ε_1 und ε_2 wegen des negativen Vorzeichens 180^0 Phasenverschiebung gegen die Ströme. Es ist nur noch zu beachten, dass bei Wechselstrom, namentlich bei grossem Leiterquerschnitt und bei kurzer Periode, also hoher Wechselgeschwindigkeit für w ein grösserer Wert einzusetzen ist, als der, den man mit Gleichstrom messen würde, weil die Stromfäden aus der Mitte des Leiterquerschnittes nach dem Rande zu verdrängt werden (Hautwirkung). (Dieser sogenannte „Wechselstromwiderstand" ist nicht mit dem scheinbaren Widerstande[18]) zu verwechseln, der durch EM-Gegenkräfte entsteht.)

Die Klemmenspannungen K_1 und K_2 erhalten wir dann einfach nach den Gleichungen

$$\left.\begin{aligned} -K_1 &= E_1 + \varepsilon_1 \\ +K_2 &= E_2 + \varepsilon_2 \end{aligned}\right\} \quad \ldots\ldots\ldots \quad (1a)$$

Die primäre Klemmenspannung ist negativ zu nehmen, weil sie die Summe $(E_1 + \varepsilon_1)$ überwinden muss.[19])

Hiernach wird sofort das Diagramm Fig. 10 klar sein.

---

[17]) MKF Seite 331.

[18]) MKF Seite 346.

[19]) Streng genommen ist $+K_1$ nicht die Spannung des Transformators, sondern die Spannung der Stromquelle, an die der Transformator angeschlossen ist. Die Klemmenspannung des Transformators ist dann $K_1' = -K_1$. Wir benutzen hier $+K_1 = -K_1'$, damit die Phasenverschiebung zwischen Strom und Spannung durch einen spitzen Winkel dargestellt wird.

Endlich gelangen wir jetzt auch noch zu einer neuen Auffassung der Induktionskoeffizienten. Es ist

$$\left.\begin{array}{lll} M_{1,2} = N_2 m_1 = N_1 N_2 C \\ M_{2,1} = N_1 m_2 = N_1 N_2 C \\ \Lambda_1 = N_1 \lambda_1 = N_1^2 C_1 \\ \Lambda_2 = N_2 \lambda_2 = N_2^2 C_2 \\ L_1 = N_1 l_1 = N_1 (m_1 + \lambda_1) = N_1^2 (C + C_1) \\ L_2 = N_2 l_2 = N_2 (m_2 + \lambda_2) = N_2^2 (C + C_2) \end{array}\right\} \quad . \quad . \quad (27)$$

Ein Induktionskoeffizient ist also eine magnetische Leitfähigkeit, multipliziert mit dem Quadrat einer Windungszahl oder mit dem Produkt zweier Windungszahlen.[20])

Ein Magnetisierungskoeffizient dagegen ist eine magnetische Leitfähigkeit, multipliziert mit einer Windungszahl.

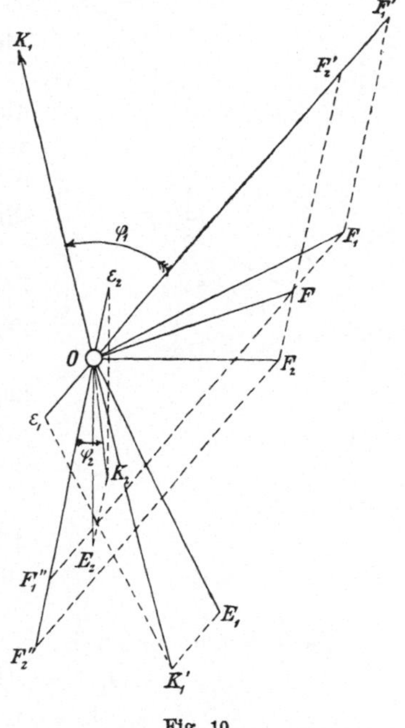

Fig. 10.

III.

Um die praktische Bedeutung der Streuung besser erkennen zu lassen, wählen wir ein technisch besonders wichtiges Beispiel. Wir betrachten einen Transformator, dessen primärer Widerstand w_1 verschwindend klein ist und der an ein Netz von konstanter Spannung angeschlossen ist. (Damit soll nicht gesagt sein, dass der Transformator an eine Gleichspannung, also etwa an eine Sammlerbatterie angeschlossen ist, sondern dass die Amplitude oder der Effektivwert der Netzspannung einer Wechselstromzentrale konstant bleibt, gleichgiltig, wieviel Strom dem Netz entnommen

---

[20]) Cohn, Das el. Feld, Seite 319.

wird. Diese kurze Ausdrucksweise wird hier noch öfter vorkommen.) Dann ist offenbar[21])

$$K_1 = -E_1 = \text{const}.$$

Wenn aber die primäre EMK E_1 konstant ist, so muss nach Gleichung (26) auch das primäre Feld F_1 konstant sein.

Dem Transformator mögen nacheinander verschiedene Ströme i_2 entnommen werden, die aber alle gegen die jeweilige sekundäre Klemmenspannung K_2 dieselbe konstante Phasenverschiebung φ_2 haben. Wir nehmen dabei an, dass der Widerstand w_2 der sekundären Wicklung nicht verschwindend klein ist.

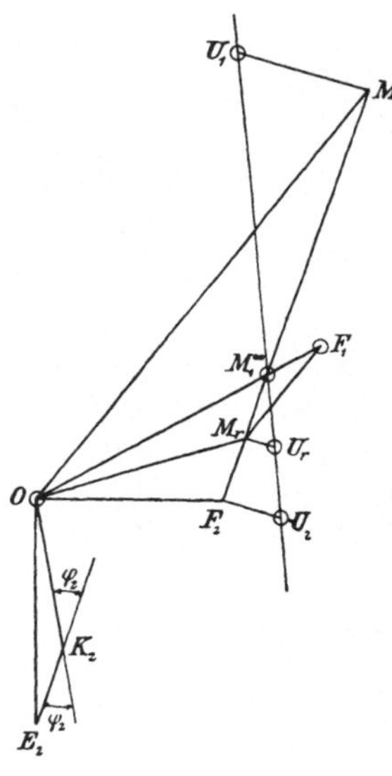

Fig. 11.

In welcher Weise hängt dann die sekundäre Klemmenspannung K_2 von dem veränderlichen Strome i_2, der sogenannten Belastung des Transformators, ab?

Wenn wir zu unserm Diagramm übergehen, so erhalten wir die rein geometrische Aufgabe, die geometrischen Örter für die Polygonecken anzugeben, wenn die Strecke OF_1 und der Winkel $F''_1 O K_2 = \varphi_2$ konstant bleiben.

Bevor wir an die Lösung der Aufgabe gehen, erörtern wir zunächst einige allgemein giltige Beziehungen in dem Diagramm.

Nach dem früheren ist in Fig. 11

$$\begin{aligned}
\overline{OM_1} &= F_2' = C \,.\, M_1 \\
\overline{M_1 M_r} &= F_1'' = C \,.\, M_2 \\
\overline{Mr F_1} &= f_1 = \tau_1 \,.\, C \,.\, M_1 \\
\overline{F_2 M_r} &= f_2 = \tau_2 \,.\, C \,.\, M_2 .
\end{aligned}$$

---

[21]) Mit Berücksichtigung des primären Widerstandes ist die Aufgabe gelöst worden 1. für den besonderen Fall $\varphi_2 = 0$ von HEYLAND ETZ 1894, Heft 41) und 2. allgemein giltig durch analytische Geometrie von GIOVANNI OSSANNA (ZfE 1899, Heft 19—21). — Die OSSANNAsche Lösung ist für den besonderen Fall $\varphi_2 = 0$ kürzer und übersichtlicher von J. K. SUMEC dargestellt worden (ZfE 1901, Heft 15 und 16).

Daher verhält sich

$$\overline{OM_1} : \overline{M_rF_1} = 1 : \tau_1$$
$$\overline{M_1M_r} : \overline{M_rF_2} = 1 : \tau_2.$$

Da ferner

$$\triangle OM_1^\infty M_1 \sim \triangle F_1 M_1^\infty M_r$$

ist, so verhält sich auch

$$\overline{M_1M_1^\infty} : \overline{M_1^\infty M_r} = 1 : \tau_1$$
$$\overline{OM_1^\infty} : \overline{M_1^\infty F_1} = 1 : \tau_1.$$

Es ist also

$$\overline{F_2M_1} = (1 + \tau_2) \times \overline{M_rM_1}$$
$$\overline{M_rM_1} = (1 + \tau_1) \times \overline{M_1^\infty M_1}.$$

Wir führen noch folgende Bezeichnungen ein:

$$\frac{\overline{F_2M_1^\infty}}{\overline{M_1^\infty M_1}} = \tau$$

$$\frac{\overline{F_2M_1}}{\overline{M_1^\infty M_1}} = V = \frac{\overline{F_2M_1^\infty} + \overline{M_1^\infty M_1}}{\overline{M_1^\infty M_1}} = \tau + 1$$

$$\frac{\overline{F_2M_1}}{\overline{F_2M_1^\infty}} = \varkappa = \frac{\overline{F_2M_1^\infty} + \overline{M_1^\infty M_1}}{\overline{F_2M_1^\infty}} = 1 + \frac{1}{\tau}.$$

Dann ergiebt sich aus diesen fünf letzten Gleichungen

$$(V - 1)(\varkappa - 1) = 1 \quad \ldots \ldots \quad (28)$$
$$V = (1 + \tau_1)(1 + \tau_2) = \nu_1 \nu_2 \quad \ldots \ldots \quad (29)$$
$$\tau = \tau_1 + \tau_2 + \tau_1 \tau_2 \quad \ldots \ldots \quad (30)$$
$$\frac{1}{\varkappa} = 1 - \frac{1}{V}$$

und da nach Gleichung (9) und (29)

$$\frac{1}{V} = 1 - \sigma \quad \ldots \ldots \quad (9)$$

ist, so ist

$$\varkappa \, . \, \sigma = 1 \quad \ldots \ldots \quad (31)$$

σ wird also dargestellt durch das Verhältnis

$$\frac{1}{\varkappa} = \overline{F_2M_1^\infty} : \overline{F_2M_1}.$$

Über die physikalische Bedeutung der Zahlen τ, V, $\varkappa$ wird noch später zu sprechen sein.

Wir beginnen jetzt mit der Lösung der Aufgabe.

Die erste Bedingung lautete, dass das primäre Feld $\overline{OF_1}$ konstant bleiben sollte. Wir können also die Strecke $\overline{OF_1}$ als festliegend annehmen. Dann ändert auch der Punkt M_1^∞ seine Lage nicht, wie sich das Diagramm auch sonst ändern mag, wenn der Transformator anders belastet wird. Denn wie wir sahen, teilt der Punkt M_1^∞ die Strecke $\overline{OF_1}$ in dem Verhältnis $1:\tau_1$. τ_1 und τ_2 sind aber als von der Belastung unabhängige Konstanten des Transformators anzusehen.

Wenn wir ferner drei beliebige Parallelen durch F_2, M_r und M_1 ziehen, so werden diese Parallelen jede durch M_1^∞ gehende Gerade so in drei Punkten U_2, U_r, U_1 treffen, dass sich

$$\overline{U_2 U_r} : \overline{U_r M_1^\infty} : \overline{M_1^\infty U_1} = \tau_2 : \frac{\tau_1}{1+\tau_1} : \frac{1}{1+\tau_1}$$

verhält. Und wenn wir die Gerade als festliegend ansehen, während sich die Punkte F_2, M_r, M_1 durch Belastungsänderung verschieben, so werden die Parallelen zu $\overline{F_2 U_2}$ durch die Punkte M_r und M_1 die Gerade immer wieder in den Punkten U_r und U_1 schneiden.

Es sind jetzt die Bahnen für die beweglichen Punkte des Diagrammes aufzusuchen. Diese Bahnen sind durch die zweite Bedingung bestimmt, dass die Phasenverschiebung φ_2 zwischen dem sekundären Strome und der sekundären Klemmenspannung konstant sein soll. $\overline{OE_2}$ ist rechtwinklig und proportional zu $\overline{OF_2}$. Um einen bequemeren Anschluss an das Felddiagramm zu erreichen, zeichnen wir über $\overline{OF_2}$ ein dem Spannungsdreieck OE_2K_2 ähnliches Felddreieck OF_2G_2 (Fig. 12). Der leichteren Übersicht wegen zeichnen wir zunächst nicht die ganze Figur, sondern greifen nur die gerade hier nötigen Linien heraus. $\overline{F_2 G_2}$ stellt ein in Wirklichkeit nicht vorhandenes Feld $= \beta_2 \,.\, C \,.\, M_2$ dar, das eine EMK gleich dem ohmischen Spannungsverlust $\overline{E_2 K_2}$ erzeugen würde, und ebenso $\overline{OG_2}$ ein Feld, das eine EMK gleich der Klemmenspannung $\overline{OK_2}$ erzeugen würde.

Dann ist der Winkel, den $\overline{OG_2}$ mit der Verlängerung von $\overline{F_2 G_2}$ bildet, offenbar der konstante Winkel φ_2. Ferner ist leicht zu sehen, dass der Winkel $\widehat{M_1^\infty F_2 G_2}$ ein rechter sein muss. Wenn wir den Winkel $\widehat{G_2 M_1^\infty F_2}$ mit α bezeichnen, so ist

$$\operatorname{tg}\alpha = \overline{F_2 G_2} : \overline{F_2 M_1^\infty}$$

$$\operatorname{tg}\alpha = \beta_2 C M_2 : \left(\tau_2 + \frac{\tau_1}{1+\tau_1}\right) C M_2$$

$$\operatorname{tg}\alpha = \beta_2 \frac{1+\tau_1}{\tau} \qquad (32)$$

Der Winkel α ist also auch konstant. Das Dreieck $M_1^\infty F_2 G_2$ kann also nur seine Grösse, nicht aber seine Gestalt ändern. Hieraus ergiebt sich weiter, dass der Winkel $\widehat{O G_2 M_1^\infty} = \varphi_2 + (90 + \alpha)$ konstant ist. Wie wir gesehen haben, ist aber auch die Strecke $\overline{O M_1^\infty}$ konstant. Der Punkt G_2 bewegt sich also auf dem Kreisbogen über $\overline{O M_1^\infty}$, der den Winkel $(90 + \alpha + \varphi_2)$ als Peripheriewinkel fasst.

Da auch der Winkel $\widehat{M_1^\infty G_2 H_2} = 90 + \alpha$ konstant ist, so muss der freie Schenkel $\overline{G_2 H_2}$ die Kreisperipherie immer in demselben

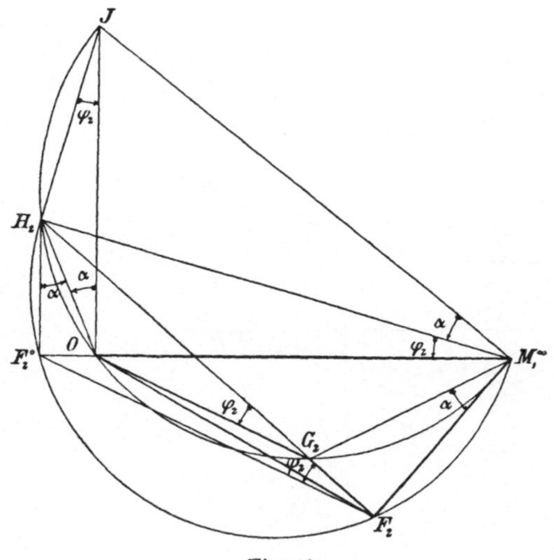

Fig. 12.

Punkte H_2 treffen. Die Strecke $\overline{M_1^\infty H_2}$ ist also konstant und festliegend. Daher muss sich der Scheitel F_2 des rechten Winkels $\widehat{M_1^\infty F_2 H_2}$ auf dem Halbkreis über $\overline{H_2 M_1^\infty}$ bewegen.

Die übrigen in die Figur eingeschriebenen Winkelbeziehungen sind leicht zu beweisen.

Die Punkte M_r und M_1 (Fig. 13) teilen die Strecke $\overline{M_1^\infty F_2}$ innerlich und äusserlich in konstanten Verhältnissen. Dadurch sind die geometrischen Örter für M_r und M_1 bestimmt. Wir errichten die Senkrechten $\overline{M_r H_r}$ und $\overline{M_1 H_1}$. Dann sind die Halbkreise über $\overline{H_r M_1^\infty}$ und $\overline{M_1^\infty H_1}$ offenbar die geometrischen Örter für M_r und M_1.

Es ist jetzt leicht, das Verhalten des Transformators bei verschiedenen Belastungen zu verfolgen. Wenn der sekundäre Kreis unterbrochen wird (Widerstand des sekundären Stromkreises $= \infty$), so wird der sekundäre Strom $\overline{M_1 M_r}$ gleich Null. Dann rücken die Punkte G_2, F_2, M_r, M_1 nach M_1^∞. Die Strecke $\overline{OM_1^\infty}$ stellt demnach dar: 1. die grösste sekundäre Klemmenspannung, 2. die grösste sekundäre EMK, 3. den grössten *Magnetisierungsstrom*, 4. den kleinsten primären Strom. Die primäre Phasenverschiebung ist $\varphi_1 = 90^0$. Der kleinste primäre Strom $\overline{OM_1^\infty}$ ist also wattlos.[22]) $\overline{OM_1^\infty}$ heisst *Leerstrom.*

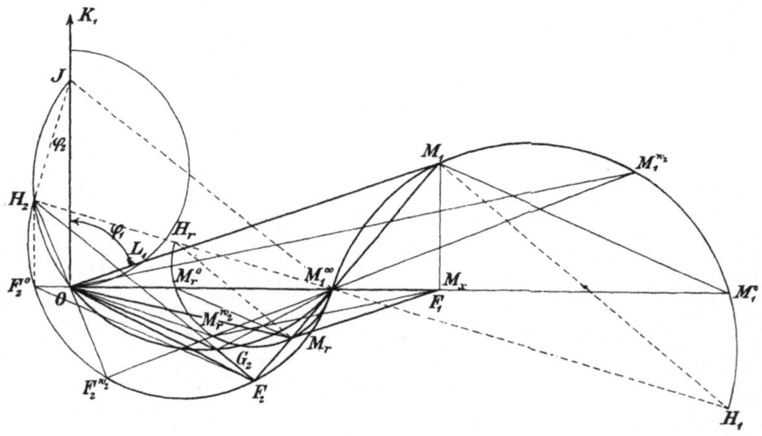

Fig. 13.

Bei steigender Belastung des Transformators, d. h. bei steigendem, sekundärem Strome i_2, wachsen die Streufelder, deren

[22]) Den Strom, den ein Wechselstromapparat verbraucht, kann man in zwei fiktive Komponenten zerlegen, eine mit der Netzspannung phasengleiche und eine andere, die gegen die Netzspannung um 90^0 oder eine Viertelperiode verschoben ist. Der Leistungsverbrauch ist bei konstanter Spannung der ersten Komponente proportional, von der andern dagegen unabhängig und würde also ungeändert bleiben, auch wenn die zweite Komponente ganz wegfiele. Nach v. Dolivo-Dobrowolsky nennt man daher die phasengleiche Komponente Wattkomponente, die andere wattlose Komponente. In unserm Diagramm ist $\overline{OM_x}$ der primäre wattlose Strom, $\overline{M_x M_1}$ der primäre Wattstrom.

Summe durch die Strecke $\overline{F_2F_1}$ angegeben wird, das sekundäre Feld $\overline{OF_2}$ nimmt daher ab, also auch die von ihm induzierte EMK. Ausserdem steigt der ohmische Spannungsverlust $\overline{F_2G_2}$ proportional dem Strome. Die Klemmenspannung nimmt daher ständig ab bis Null (Kurzschluss). Nach Gleichung (1) ist dann

$$K_2 = -w_2 i_2 + E_2 = 0.$$

$$i_2 = \frac{E_2}{w_2}.$$

(Der Gesamtwiderstand des sekundären Stromkreises ist jetzt also $= w_2$). Die EMK E_2 genügt jetzt gerade noch, um den ohmischen Spannungsverlust in der sekundären Wicklung zu decken. Bei Kurzschluss ist also das sekundäre Feld nicht gleich Null, sondern $\overline{OF_2^{w_2}}$ (unvollkommener Kurzschluss). Der sekundäre Strom i_2 bei Kurzschluss wird dargestellt durch $\overline{M_1^{w_2} M_r^{w_2}}$. Der Magnetisierungsstrom bei Kurzschluss ist $\overline{OM_r^{w_2}}$ und der primäre Strom $\overline{OM_1^{w_2}}$. Dieser hat hier also seinen grössten Wert erreicht. Seine Phasenverschiebung gegen die Klemmenspannung wird durch den Winkel $\widehat{K_1 O M_1^{w_2}} = \varphi_{1w_2}$ angegeben.

Die primäre Phasenverschiebung φ_1 erreicht offenbar dann ihr Minimum, wenn der Strahl $\overline{OM_1}$ den Kreis berührt. Dann ist der *Leistungsfaktor*, der ja $= \cos\varphi_1$ ist, am grössten. Man kann den Leistungsfaktor auch sehr bequem graphisch darstellen, indem man auf $\overline{OK_1}$ von O aus die Strecke Eins abträgt und über ihr einen Halbkreis schlägt. Das Stück $\overline{OL_1}$, das dieser Halbkreis von $\overline{OM_1}$ abschneidet, giebt dann bei jeder Belastung den Leistungsfaktor an.

Die dem Transformator zugeführte Leistung ist, da die Klemmenspannung konstant ist, einfach proportional der Wattkomponente[22]) des primären Stromes, d. h. der Höhe $\overline{M_1 M_x}$ des Dreiecks $M_1^\infty M_1^0 M_1$, oder da die Grundlinie $\overline{M_1^\infty M_1^0}$ konstant ist, dem Inhalt des Dreiecks.

Die Figur enthält noch ziemlich viel Linien und ist daher nicht ganz leicht zu überblicken. Wir betrachten daher zweckmässig noch zwei besonders einfache Fälle:

1. $\alpha = 0$
2. $\varphi_2 = 0$.

Wenn $\alpha = 0$ ist, so ist nach Gleichung (32) der sekundäre Widerstand $w_2 = 0$ (Fig. 14). Dann rückt der Punkt F_2 nach G_2, der Punkt H_2 nach J, die Punkte $F_2^{w_2}$ und F_2^0 nach O und endlich Punkt $M_1^{w_2}$ nach M_1^0 und $M_r^{w_2}$ nach M_r^0. Hierdurch wird der Grenzfall des vollkommenen Kurzschlusses erreicht, der vorher nicht möglich war (Gesamtwiderstand des sekundären Stromkreises $= 0$). Das sekundäre Feld ist bei Kurzschluss gleich Null, das sekundäre Streufeld $= \overline{OM_r^0}$, das primäre Streufeld $= \overline{M_r^0 F_1}$, das gesamte Streufeld ist also gleich dem primären Felde $\overline{OF_1}$. Der sekundäre Kurzschlussstrom ist, obgleich der Widerstand Null ist, nicht $= \infty$, sondern da keine EMK vorhanden ist, $= \overline{M_1^0 M_r^0} = \frac{0}{0}$. Der Magneti-

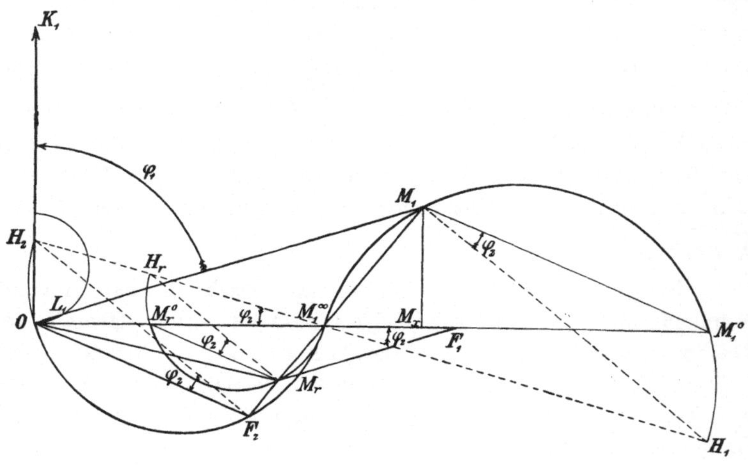

Fig. 14.

sierungsstrom ist $= \overline{OM_r^0}$ und der primäre Strom ist gleich der Summe beider $= \overline{OM_1^0}$. Seine Phasenverschiebung gegen die Klemmenspannung ist 90^0, der Leistungsfaktor also Null. Bei vollkommenem Kurzschluss ist demnach der primäre Strom wattlos. Ferner ergiebt sich die sehr wichtige Beziehung, dass der Kurzschlussstrom $\overline{OM_1^0}$ $\varkappa$-mal so gross ist, wie der Leerstrom $\overline{OM_1^\infty}$

$$\overline{OM_1^0} = \varkappa \times \overline{OM_1^\infty},$$

daher auch

$$\overline{OM_1^0} = V \times \overline{M_1^\infty M_1^0} = V \times (\overline{OM_1^0} - \overline{OM_1^\infty})$$

$$\overline{OM_1^\infty} = \tau \times \overline{M_1^\infty M_1^0} = \tau \times (\overline{OM_1^0} - \overline{OM_1^\infty}).$$

Hauptsächlich wegen dieses theoretischen Grenzfalles ist das Diagramm für $w_2 = 0$ interessant. Da in Wirklichkeit w_2 meist sehr klein ist, so kommt man auch thatsächlich diesem Grenzfall sehr nahe, wenn man einen Transformator sekundär kurz schliesst.

Ein anderes sehr einfaches Diagramm erhalten wir bei induktionsfreier Belastung (Glühlampen, synchrone Motoren), d. h. wenn $\varphi_2 = 0$ ist. Dann rückt Punkt H_2 nach O, Punkt H_r nach M_r^0 und Punkt H_1 nach M_1^0 (Fig. 15). Das Dreieck OG_2F_2 geht in eine gerade Linie über. Die zugeführte Leistung wird wieder angegeben durch $\overline{M_1 M_x}$ oder auch durch $\overline{F_2 F_x}$, da die Dreiecke

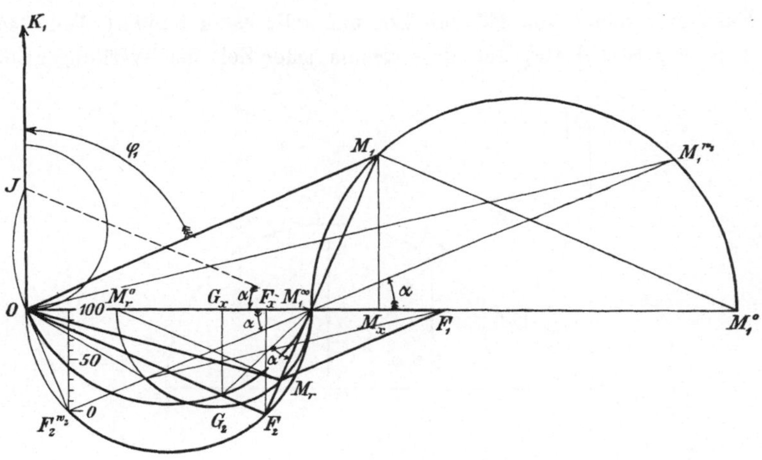

Fig. 15.

$M_1^\infty F_2 O$ und $M_1^\infty M_1 M_1^0$ einander ähnlich sind. D. h. die zugeführte Leistung ist proportional dem Produkt $\overline{OF_2} \times \overline{M_1^\infty F_2}$. Die abgegebene Leistung ist offenbar proportional $\overline{OG_2} \times \overline{M_1^\infty F_2} = \overline{OG_2} \times \overline{M_1^\infty G_2} \times \cos\alpha$, d. h. dem Inhalt des Dreiecks $OG_2M_1^\infty$. Die abgegebene Leistung wird also durch die Höhe $\overline{G_2 G_x}$ dargestellt. Daher ist der Wirkungsgrad $\eta = \overline{G_2 G_x} : \overline{F_2 F_x} = \overline{OG_2} : \overline{OF_2}$. Nun ist aber $\overline{G_2 F_2} = \overline{M_1^\infty F_2} \times \operatorname{tg}\alpha$, also $\overline{OG_2} = \overline{OF_2} - \overline{M_1^\infty F_2} \times \operatorname{tg}\alpha$, mithin der Wirkungsgrad

$$\eta = 1 - \frac{\overline{M_1^\infty F_2}}{\overline{OF_2}} \operatorname{tg}\alpha,$$

oder es ist

$$1 - \eta = \frac{\overline{M_1^\infty F_2}}{\overline{OF_2}} \operatorname{tg} \alpha$$

$$1 - \eta = \operatorname{tg} \widehat{F_1 O F_2} \times \operatorname{tg} \alpha$$

$$1 - \eta = \frac{\operatorname{tg} \widehat{F_1 O F_2}}{\operatorname{tg} (90 - \alpha)}$$

also endlich der Wirkungsgrad

$$\eta = 1 - \frac{\operatorname{tg} \widehat{F_1 O F_2}}{\operatorname{tg} \widehat{F_1 O F_2^{w_2}}}.$$

Fällt man daher von $F_2^{w_2}$ ein Lot und teilt es in hundert Teile, so zeigt der Strahl $\overline{OF_2}$ auf dieser Skala jeder Zeit den Wirkungsgrad

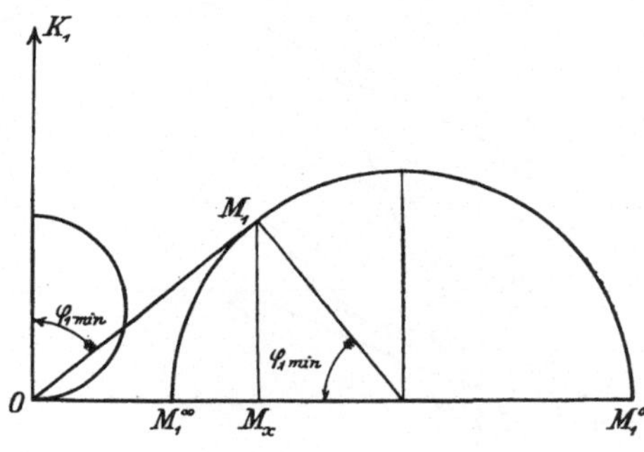

Fig. 16.

an. Der Wirkungsgrad fällt bei steigender Belastung von 100 auf 0 pCt. (Es sei hier nochmals betont, dass wir den primären Widerstand gleich Null angenommen haben, und dass wir von Verlusten durch Hysteresis und Wirbelströme abgesehen haben.)

Besonders interessant ist es auch für den Fall $\varphi_2 = 0$, den Belastungszustand genauer zu betrachten, bei dem der primäre Leistungsfaktor $\cos \varphi_1$ am grössten wird, wo also der Strahl $\overline{OM_1}$ den Halbkreis über $\overline{M_1^\infty M_1^0}$ berührt (Fig. 16). Dann steht der nach M_1 gezogene Radius senkrecht auf $\overline{OM_1}$ und bildet daher mit $\overline{OM_1^0}$ den Winkel φ_1. Es sei r der Radius des Halbkreises und $a = \overline{OM_1^\infty}$. Dann ist der grösste Leistungsfaktor

$$(\cos \varphi_1)_{max} = \frac{r}{r+a}$$

$$(\cos \varphi_1)_{max} = \frac{1}{1+2\frac{a}{2r}}$$

$$(\cos \varphi_1)_{max} = \frac{1}{1+2\tau} \quad \ldots\ldots \quad (33)$$

$$(\cos \varphi_1)_{max} = \frac{r}{2r+a-r}$$

$$(\cos \varphi_1)_{max} = \frac{1}{2\frac{2r+a}{2r}-1}$$

$$(\cos \varphi_1)_{max} = \frac{1}{2V-1} \quad \ldots\ldots \quad (34)$$

$$(\cos \varphi_1)_{max} = \frac{2r+a-a}{2r+a+a}$$

$$(\cos \varphi_1)_{max} = \frac{\frac{2r+a}{a}-1}{\frac{2r+a}{a}+1}$$

$$(\cos \varphi_1)_{max} = \frac{\varkappa-1}{\varkappa+1} \quad \ldots\ldots \quad (35)$$

$$(\cos \varphi_1)_{max} = \frac{1-\frac{a}{2r+a}}{1+\frac{a}{2r+a}}$$

$$(\cos \varphi_1)_{max} = \frac{1-\sigma}{1+\sigma} \quad \ldots\ldots \quad (36)$$

Die zugeführte Leistung wird angegeben durch die Wattkomponente des primären Stromes

$$\overline{OM_1} \times (\cos \varphi_1)_{max} = r \times \sin (\varphi_{1\,min}).$$

Die grösste überhaupt vorkommende Wattkomponente des primären Stromes ist offenbar r. Das Verhältnis der beiden Wattkomponenten ist

$$U = \frac{r}{r \sin (\varphi_{1\,min})} = \frac{1}{\sin (\varphi_{1\,min})}$$

$$U = \frac{\left(\frac{\sqrt{\varkappa}+1}{\sqrt{\varkappa}-1}\right)^2 + 1}{\left(\frac{\sqrt{\varkappa}+1}{\sqrt{\varkappa}-1}\right)^2 - 1} \quad . \; . \; . \; . \; . \; . \; . \; . \; . \; . \quad (37$$

$$U = \frac{\varkappa + 1}{2\sqrt{\varkappa}} = \frac{1}{2}\left(\sqrt{\varkappa} + \frac{1}{\sqrt{\varkappa}}\right)$$

oder angenähert

$$U = \sim \frac{\sqrt{\varkappa}}{2} \quad . \; . \; . \; . \; . \; . \; . \; . \; . \; . \; . \; . \; . \quad (37\,\mathrm{a})$$

Dritter Teil.

Mechanische Wirkungen.

IV.

Die Kraftliniendichte[23]) eines konstanten homogenen Feldes[24]) ist unveränderlich und überall dieselbe

$$\mathfrak{D}_c = \text{const.}$$

Wenn man zur Erregung dieses Feldes Wechselstrom statt Gleichstrom benutzt, so erhält man ein homogenes Wechselfeld. Die Dichte ist zur Zeit t

$$\mathfrak{D}_w = \mathfrak{D}_{max} \sin \gamma t,$$

wobei

$$\gamma = \frac{2\pi}{T} = 2\pi P$$

ist und T die Dauer der Periode bedeutet. P heisst *Frequenz*, $2P$ *Wechselgeschwindigkeit.* Auch die Dichte $\mathfrak{D}_w$ ist überall dieselbe, ist also nur eine Funktion der Zeit. Ihre Komponente in der Richtung ϑ ist

$$\mathfrak{D}_\vartheta = \mathfrak{D}_{max} \cos \vartheta \sin \gamma t.$$

Wenn die Richtung ϑ mit der Winkelgeschwindigkeit γ rotiert, so ist $\vartheta = \gamma t$ und die Feldstärke in der rotierenden Richtung

$$\mathfrak{D}_\gamma = \mathfrak{D}_{max} \cos \gamma t \sin \gamma t$$

$$\mathfrak{D}_\gamma = \tfrac{1}{2}\, \mathfrak{D}_{max} \sin \left[(2\gamma) t\right].$$

---

[23]) Mit Feldstärke oder Kraftliniendichte wird hier überall der wirkliche, oder wenn man will, resultierende magnetische Zustand an irgend einem Ort bezeichnet, also das, was MAXWELL magnetische Induktion $\mathfrak{B}$ nennt. Fiktionen und Zerlegungen, wie Feldintensität (= Kraftliniendichte im Vakuum), freie oder induzierte Magnetisierung oder wahre Magnetisierung sind für elektrotechnische Betrachtungen ganz wertlos.

[24]) MKF Seite 22.

In der Technik gewinnen häufig aber auch Felder Interesse, deren Stärke zu derselben Zeit an verschiedenen Stellen verschieden, also eine Funktion des Ortes ist. Es wird sich also zunächst darum handeln, eine zweckmässige Ortsbestimmung einzuführen. Hierzu werden wir nicht irgend ein Achsenkreuz wählen, sondern uns daran erinnern, dass wir es bei Maschinen mit Feldern zu thun haben, deren Kraftlinien auf einem Zylindermantel senkrecht stehen, nämlich auf der Ankeroberfläche. Ferner werden wir uns den Umstand zu Nutze machen, dass sich die Feldstärke in achsialer Richtung meist nicht ändert, d. h. wenn wir auf der Ankeroberfläche eine Parallele zur Drehungsachse ziehen, so werden wir auf dieser Parallele zur selben Zeit überall dieselbe Feldstärke antreffen. Die Feldstärke wird sich also nur längs dem Ankerumfang ändern. Ein Ort am Ankerumfang ist aber durch den Zentriwinkel λ bestimmt, den der zugehörige Radius mit einer beliebigen Anfangslage bildet. Bei einem zweipoligen Felde werden wir zwei übereinstimmende, nur durch das Vorzeichen verschiedene Teile erwarten dürfen, so dass, wenn bei λ die Feldstärke $\mathfrak{D}$ herrscht, zur selben Zeit bei $(\lambda + 180^0)$, also an der diametral gegenüberliegenden Stelle, die Feldstärke $= -\mathfrak{D}$ ist. Bei einem $2p$-poligen Felde werden wir p solcher Teilpaare haben.

Für die Rechnung am bequemsten ist ein Feld, dessen Stärke eine *Sinusfunktion des Ortes* ist,

$$\mathfrak{D}_g = \mathfrak{D}_{max} \sin p\lambda.$$

Ein solches Feld können wir uns durch Gleichstrom erzeugt denken. Wenn wir es aber mit Wechselstrom erregen, so ist die Kraftliniendichte

$$\mathfrak{D}_z' = \mathfrak{D}_{max} . \sin p\lambda . \sin \gamma t;$$

sie ist also eine Funktion von zwei Veränderlichen. Mit diesem Felde denken wir uns zwei Veränderungen vorgenommen. Erstens werde es um den Winkel $\left(\frac{90^0}{p}\right)$ gedreht, dann ist $\sin p\lambda$ zu ersetzen durch $\sin(p\lambda + 90^0)$. Zweitens lassen wir es um eine Viertelperiode voreilen, dann ist $\sin(\gamma t + 90^0)$ für $\sin \gamma t$ zu setzen. Die Kraftliniendichte dieses neuen Feldes ist also

$$\mathfrak{D}_z'' = \mathfrak{D}_{max} \sin(p\lambda + 90^0) . \sin(\gamma t + 90^0)$$

oder

$$\mathfrak{D}_z'' = \mathfrak{D}_{max} \cos p\lambda \cos \gamma t.$$

Nehmen wir jetzt an, dass beide Felder, $\mathfrak{D}_z'$ und $\mathfrak{D}_z''$, zugleich auftreten, so werden sie sich überlagern zu einem Felde von der Stärke

$$\mathfrak{D}_z = \mathfrak{D}_z' + \mathfrak{D}_z'' = \mathfrak{D}_{max} \,.\, \cos(p\lambda - \gamma t).$$

Ein ganz ähnliches Feld erhält man, wenn man das konstante Feld

$$\mathfrak{D}_g = \mathfrak{D}_{max} \sin p\lambda$$

mit der konstanten Winkelgeschwindigkeit $\frac{\gamma}{p}$ rotieren lässt. Denn wenn zur Zeit $t = 0$ die Feldstärke $\mathfrak{D}_{g_1}$ an einer Stelle λ_1 herrschte, so herrscht dieselbe Feldstärke zur Zeit t bei

$$\lambda = \lambda_1 + \frac{\gamma}{p} t.$$

Daraus folgt

$$p\lambda_1 = p\lambda - \gamma t.$$

Die Stärke des rotierenden Feldes ist also an einer beliebigen Stelle λ zu einer beliebigen Zeit t

$$\mathfrak{D}_d = \mathfrak{D}_{max} \,.\, \sin(p\lambda - \gamma t).$$

Offenbar ist zwischen $\mathfrak{D}_z$ und $\mathfrak{D}_d$ kein wesentlicher Unterschied. Fasst man einen bestimmten Ort ins Auge (λ const), so sieht man, dass die Feldstärke an diesem Orte eine Sinusfunktion der Zeit ist; betrachtet man das ganze Feld in einem bestimmten Augenblick (t const), so sieht man, dass es sinusartige Gestalt oder Verteilung hat, d. h. eine Sinusfunktion des Ortes ist. Um rückwärts die Winkelgeschwindigkeit von $\mathfrak{D}_z$ zu berechnen, betrachten wir einen bestimmten Wert von $\mathfrak{D}_z$, d. h. setzen

$$p\lambda - \gamma t = \text{const.}$$

Dann ist

$$p\,d\lambda - \gamma\,dt = 0$$

und die *Winkelgeschwindigkeit des Feldes*

$$\frac{d\lambda}{dt} = \frac{\gamma}{p}.$$

Man erhält also durch Überlagerung von Wechselfeldern, die räumlich und zeitlich passend gegeneinander verschoben sind, ein *Drehfeld von konstanter Stärke und Geschwindigkeit.* Das ist das bekannte Prinzip der Drehstrommotoren. Ein Drehfeld

$$\mathfrak{D}_d = \mathfrak{D}_{max} \,.\, \sin(p\lambda - \gamma t)$$

entspricht also einer fortschreitenden Welle, dagegen ein Wechselfeld

$$\mathfrak{D}_z' = \mathfrak{D}_{max} \sin p\lambda \sin \gamma t$$

einer stehenden Welle.

Wenn man das Vorzeichen von $\mathfrak{D}_z'$ umkehrte, d. h. die Phase von $\mathfrak{D}_z'$ um 180^0 verschöbe, so würde man erhalten

$$-\mathfrak{D}_z' = \mathfrak{D}_{max} \sin p\lambda \,.\, \sin(\gamma t + 180^0)$$

und

$$(-\mathfrak{D}_z') + \mathfrak{D}_z'' = \mathfrak{D}_{max} \cos(p\lambda + \gamma t),$$

also

$$\frac{d\lambda}{dt} = -\frac{\gamma}{p}.$$

Um die *Drehrichtung* des Drehfeldes umzukehren, braucht man also nur die Zuleitungsdrähte zu dem einen Wicklungszweig zu vertauschen.

Wenn man mit $\mathfrak{u}_1$ die Zahl der Umdrehungen bezeichnet, die das Feld in einer Minute macht, so ist die Winkelgeschwindigkeit

$$\frac{d\lambda}{dt} = 2\pi \frac{\mathfrak{u}_1}{60} = \frac{\gamma}{p},$$

oder wenn man wieder

$$\gamma = 2\pi P$$

setzt, wobei P die Frequenz des Stromes ist,

$$\mathfrak{u}_1 = 60 \frac{P}{p} \quad \ldots\ldots\ldots \quad (38)$$

oder

$$\mathfrak{u}_1 = 60 \frac{(2P)}{(2p)},$$

d. h. man erhält die *Umlaufsgeschwindigkeit*, indem man die Wechselgeschwindigkeit durch die Polzahl dividiert. Z. B. macht ein sechspoliger Drehstrommotor bei 50 Perioden/Sek. 1000 Umdrehungen/Min., wenn er mit dem Drehfelde synchron läuft. — —

Es sei $\mathfrak{g}$ die relative Umfangsgeschwindigkeit des magnetischen Drehfeldes gegen den Anker, l die Ankerlänge und $\mathfrak{D}$ die Kraftliniendichte. Dann wird bekanntlich[25]) in einem Draht am Ankerumfang eine EMK

$$E_s = \mathfrak{D}\mathfrak{g}l$$

induziert. In einem Draht, der um $\frac{\pi}{p}$ weiter liegt, wird offenbar eine EMK $-E$ induziert, da dort die Feldstärke $-\mathfrak{D}$ herrscht. Verbindet man die Enden der beiden Drähte, so entsteht ein Stromkreis, in dem die beiden EMKe hintereinander geschaltet sind

[25]) MKF Seite 253 bis 256.

(Kurzschlussanker: $K_2 = -w_2 i_2 + E_2 = 0$). Der Widerstand eines Drahtes und einer Querverbindung sei w. Dann ensteht ein Strom

$$i_2 = \frac{2\,E_s}{2\,w}$$

$$i_2 = l\,\frac{\mathfrak{g}}{w}\,\mathfrak{D}.$$

Ein einzelner Draht erfährt einen Tangentialdruck[26])

$$\mathfrak{K} = \mathfrak{D}\,i_2\,l.$$

$$\mathfrak{K} = l^2\,\frac{\mathfrak{g}}{w}\,\mathfrak{D}^2.$$

Multipliziert man diesen Druck mit dem zugehörigen Hebelarm, der gleich dem Radius r ist, so erhält man das Drehmoment, das ein Draht ausübt,

$$\mathfrak{a} = \mathfrak{K}\,r$$

$$\mathfrak{a} = l^2 r\,\frac{\mathfrak{g}}{w}\,\mathfrak{D}^2.$$

Auf dem Anker mögen sich Z Drähte befinden. Dann kommen auf den Bogen Eins $\frac{Z}{2\pi}$ Drähte und auf den Bogen $d\lambda_2$ kommen $\frac{Z}{2\pi}\,d\lambda_2$ Drähte. Das Drehmoment, das die Wicklung auf dem Bogen $d\lambda_2$ ausübt, ist also

$$d\mathfrak{A} = \frac{Z}{2\pi}\,\mathfrak{a}\,d\lambda_2,$$

daher das gesamte Drehmoment des Ankers

$$\mathfrak{A} = \frac{Z l^2 r}{2\pi} \cdot \frac{\mathfrak{g}}{w} \int_0^{2\pi} \mathfrak{D}^2 \,.\, d\lambda_2.$$

Die mechanische Leistung erhalten wir, indem wir das Drehmoment mit der Winkelgeschwindigkeit multiplizieren. Es sei $\mathfrak{g}_2$ die absolute Umfangsgeschwindigkeit des Ankers, folglich die Winkelgeschwindigkeit $\frac{\mathfrak{g}_2}{r}$. Dann ist die Leistung

$$L_2 = \mathfrak{A}\,\frac{\mathfrak{g}_2}{r}.$$

Die Stromwärme in einem Leiter ist

$$w\,i^2 = l^2\,\frac{\mathfrak{g}^2}{w}\,\mathfrak{D}^2,$$

[26]) MKF Seite 208 bis 209.

folglich die gesamte Stromwärme im Anker L_v, da

$$dL_v = \frac{Z}{2\pi} \cdot wi^2 \cdot d\lambda_2$$

ist,

$$L_v = \frac{Z}{2\pi} w \int_0^{2\pi} i^2 \cdot d\lambda_2$$

$$L_v = \frac{Zl^2}{2\pi} \cdot \frac{\mathfrak{g}^2}{w} \int_0^{2\pi} \mathfrak{D}^2 \cdot d\lambda_2$$

$$L_v = \mathfrak{A} \frac{\mathfrak{g}}{r}.$$

Die zuzuführende Leistung ist also

$$L_1 = L_2 + L_v$$

$$L_1 = \mathfrak{A} \frac{\mathfrak{g}_2 + \mathfrak{g}}{r}.$$

Daraus ergiebt sich der Wirkungsgrad

$$\eta = \frac{L_2}{L_1} = \frac{\mathfrak{g}_2}{\mathfrak{g}_2 + \mathfrak{g}}.$$

Wir setzen nun

$$\mathfrak{g}_2 + \mathfrak{g} = \mathfrak{g}_1 = r \frac{\gamma_1}{p}.$$

$\mathfrak{g}_1$ ist offenbar die Umfangsgeschwindigkeit des Drehfeldes. Ferner setzen wir

$$\mathfrak{g} = s\, \mathfrak{g}_1$$

$$\mathfrak{g}_2 = (1 - s)\, \mathfrak{g}_1.$$

$s = 1$ bedeutet also Stillstand des Ankers, $s = 0$ bedeutet, dass der Anker mit dem magnetischen Felde synchron läuft. Die Zahl s heisst daher *Asynchronismus* oder *Schlüpfung*.

Wir setzen jetzt ein sinusförmig verteiltes Feld

$$\mathfrak{D} = \mathfrak{D}_{2\,max} \sin p\lambda_f$$

voraus. Wegen der Schlüpfung ist

$$\lambda_f = \lambda_2 - \frac{s\gamma_1}{p} t$$

zu setzen. Daher ist

$$\mathfrak{D} = \mathfrak{D}_{2\,max} \sin(p\lambda_2 - s\gamma_1 t).$$

Dann ergiebt sich leicht

$$\int_0^{2\pi} \mathfrak{D}^2 \cdot d\lambda_2 = \pi\, \mathfrak{D}^2_{2\,max}.$$

Durch Einführung aller dieser Werte erhält man

$$E_s = \frac{lr}{p} \gamma_1 s \mathfrak{D}_{2max} \sin(p\lambda_2 - s\gamma_1 t) \quad . \quad . \quad . \quad . \quad (39)$$

$$i_2 = \frac{lr}{p} \frac{\gamma_1}{w} s \mathfrak{D}_{2max} \sin(p\lambda_2 - s\gamma_1 t) \quad . \quad . \quad . \quad . \quad (40)$$

$$\mathfrak{A} = \frac{Zl^2r^2}{2p} \cdot \frac{\gamma_1}{w} s \mathfrak{D}^2_{2max} \quad . \quad . \quad . \quad . \quad . \quad . \quad . \quad . \quad (41)$$

Die Zugkraft eines Drehstrommotors ist also nicht periodisch veränderlich, sondern konstant.[27])

$$L_1 = \mathfrak{A} \frac{\gamma_1}{p} \quad . \quad . \quad . \quad . \quad . \quad . \quad . \quad . \quad (42)$$

$$L_2 = (1 - s) L_1 \quad . \quad . \quad . \quad . \quad . \quad . \quad . \quad (43)$$

$$L_v = s L_1 \quad . \quad . \quad . \quad . \quad . \quad . \quad . \quad . \quad . \quad (44)$$

$$\eta = 1 - s \quad . \quad . \quad . \quad . \quad . \quad . \quad . \quad . \quad (45)$$

Um diesen Ergebnissen eine zweckmässige Deutung zu geben, setzen wir

$$\frac{lr}{p} \cdot \frac{\gamma_1}{w} \cdot s \mathfrak{D}_{2max} = \sqrt{2} J \quad . \quad . \quad . \quad . \quad . \quad . \quad (46)$$

Dann ist

$$E_s = \sqrt{2} J w \cdot \sin(p\lambda_2 - s\gamma_1 t) \quad . \quad . \quad . \quad . \quad . \quad (39a)$$

$$i_2 = \sqrt{2} J \cdot \sin(p\lambda_2 - s\gamma_1 t) \quad . \quad . \quad . \quad . \quad . \quad . \quad (40a)$$

Weiter bedenken wir, dass eine fortlaufende Wicklung einen Widerstand

$$w_2 = Z w \quad . \quad . \quad . \quad . \quad . \quad . \quad . \quad . \quad . \quad . \quad (47)$$

haben würde. Also ist

---

[27]) Davon, dass die Leistung eines Mehrphasenstromes konstant ist, kann man sich noch auf anderm Wege überzeugen. Wenn wir $2\pi \frac{t}{T} = \alpha$ setzen, so ist z. B. für Dreiphasenstrom die Leistung zur Zeit t, gleiche Belastung der drei Zweige vorausgesetzt,

$$L_t = E_0 J_0 \sin\alpha \sin(\alpha - \varphi) + E_0 J_0 \sin(\alpha + 120^0) \sin(\alpha + 120^0 - \varphi) + E_0 J_0 \sin(\alpha + 240^0) \sin(\alpha + 240^0 - \varphi)$$

$$2 \frac{L_t}{E_0 J_0} = [\cos\varphi - \cos(2\alpha - \varphi)] + [\cos\varphi - \cos(2\alpha - \varphi + 240^0)] + [\cos\varphi - \cos(2\alpha - \varphi + 480^0)]$$

$$\frac{L_t}{\frac{E_0}{\sqrt{2}} \frac{J_0}{\sqrt{2}}} = 3\cos\varphi - \left\{ \cos(2\alpha - \varphi) + \cos[(2\alpha - \varphi) - 120^0] + \cos[(2\alpha - \varphi) + 120^0] \right\}$$

$$\frac{L_t}{EJ} = 3\cos\varphi - \left\{ \cos(2\alpha - \varphi) + 2 \cdot \cos(2\alpha - \varphi) \cdot \cos 120^0 \right\}$$

$$L_t = 3 EJ \cos\varphi = \text{const.}$$

$$\mathfrak{A} = J^2 \frac{w_2}{s} \cdot \frac{p}{\gamma_1}$$

$$L_1 = J^2 \frac{w_2}{s}.$$

Ferner setzen wir

$$s = \frac{w_2}{w_2 + W} \qquad (48)$$

$$1 - s = \frac{W}{w_2 + W}$$

und bekommen schliesslich

$$L_1 = J^2 (w_2 + W) \qquad (42a)$$

$$L_2 = J^2 W \qquad (43a)$$

$$L_v = J^2 w_2 \qquad (44a)$$

$$\eta = \frac{W}{w_2 + W}, \qquad (45a)$$

oder wenn wir die ohmischen Spannungsverluste

$$J(w_2 + W) = + E_2$$

$$JW = + K_2$$

$$J w_2 = - \varepsilon_2$$

setzen,

$$- \varepsilon_2 = Z E_{s\,eff}$$

$$L_1 = E_2 J \qquad (42b)$$

$$L_2 = K_2 J \qquad (43b)$$

$$L_v = - \varepsilon J \qquad (44b)$$

$$\eta = \frac{K_2}{E_2} \qquad (45b)$$

$$s = - \frac{\varepsilon_2}{E_2} \qquad (49)$$

$$\frac{s}{1 - s} = \frac{- \varepsilon_2}{K_2} \qquad (50)$$

Die Einführung der Grösse J ist durch Gleichung (40a) gerechtfertigt: J ist der quadratische Mittelwert des Stromes i_2.

Wir kommen also zu dem wichtigen Schluss, dass sich ein Drehstrommotor ebenso verhält, wie ein Transformator, der mit einem induktionsfreien äusseren Widerstande

$$W = \frac{w_2}{s} - w_2 \qquad (48a)$$

belastet ist. Der Geschwindigkeitsverlust verhält sich zur Geschwindigkeit des Läufers wie beim Transformator der ohmische Spannungsverlust in der Wicklung zur Klemmenspannung. Die Schlüpfung spielt also beim Drehstrommotor eine ähnliche Rolle wie beim Transformator der ohmische Spannungsabfall. Beide hängen vom Widerstande der sekundären Wicklung ab.

Dem *Synchronismus* beim Drehstrommotor entspricht Unterbrechung des sekundären Stromkreises beim Transformator, dem *Stillstand* des Drehstrommotors Kurzschluss des Transformators. Dass ein stillstehender Drehstrommotor weiter nichts ist als ein kurzgeschlossener Transformator, ist ja wohl ohne weiteres klar.

Da man Drehstrommotoren stets in Nebeneinanderschaltung mit konstanter Klemmenspannung betreibt, so können wir also das Diagramm für den induktionsfrei belasteten Transformator (Fig. 15) auf den Drehstrommotor übertragen. Die Feldstärke $\mathfrak{D}_{2\,max}$, die überall in unseren Gleichungen vorkam, würde aber nur dann auch als konstant anzusehen sein, wenn keine Streuung aufträte. Diese zeigt sich aber wegen des Luftzwischenraumes bei Motoren viel stärker als bei Transformatoren. Der jeweilige Wert von $\mathfrak{D}_{2\,max}$ wird im Diagramm durch die veränderliche Strecke $\overline{OF_2}$ angegeben.

Die elektrischen und magnetischen Vorgänge sind an dem Diagramm schon beim Transformator genügend erläutert worden. Es sind nur noch die mechanischen Vorgänge durch das Diagramm zu untersuchen.

Nach Gleichung (46) ist der Ankerstrom proportional dem Produkt aus Schlüpfung und Ankerfeld, folglich die Schlüpfung proportional dem Quotienten

$$\frac{\text{Ankerstrom}}{\text{Ankerfeld}},$$

d. h. proportional $\overline{M_1 M_r} : \overline{F_2 O}$ und daher auch $\overline{F_2 M_1^\infty} : \overline{F_2 O} = \operatorname{tg} \widehat{F_2 O F_1}$ (Fig. 15). Da die Schlüpfung andererseits nach Gleichung (49)

$$s = \overline{G_2 F_2} : \overline{F_2 O}$$

ist, so ist der Proportionalitätsfaktor

$$\overline{G_2 F_2} : \overline{F_2 M_1^\infty} = \operatorname{tg} \alpha,$$

wie wir auch schon früher gefunden haben. Wir können also die Schlüpfung in ähnlicher Weise darstellen, wie früher den Wirkungsgrad. Dies bestätigen auch die Gleichungen (45) und (49). Wir brauchen nur die Skala umzukehren, dann zeigt der Strahl $\overline{OF_2}$ auf ihr die Zahl $100\,s$, d. h. die Schlüpfung, ausgedrückt in Prozenten der Feldgeschwindigkeit (Fig. 17). Bei Stillstand (100 pCt. Schlüpfung) ist der Drehstrommotor ein kurzgeschlossener Transformator. Nach Gleichung (49) wird dann

$$E_2 = -\varepsilon_2 = w_2 J \equiv \overline{OF_2^{w_2}}.$$

Wenn wir aus Gleichung (32) für $\operatorname{tg}\alpha$ seinen Wert einführen, so erhalten wir

$$s = \beta_2 \frac{1+\tau_1}{\tau} \times \operatorname{tg} \widehat{F_1 O F_2}.$$

Damit der Motor möglichst wenig schlüpft und einen möglichst hohen Wirkungsgrad hat, müssen wir β_2, d. h. den Widerstand der sekundären Wicklung, möglichst klein machen. Wenn der Widerstand Null wäre, so würde auch die Schlüpfung bei jeder Belastung Null sein, da zur Stromerzeugung keine EMK nötig wäre.

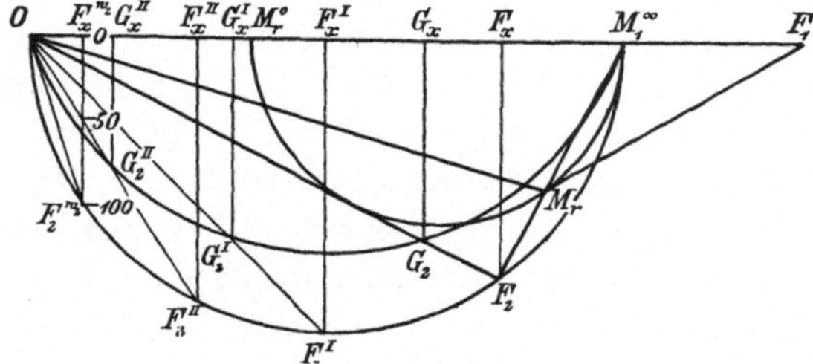

Fig. 17.

Das **Drehmoment** ist nach Gleichung (42) proportional der zugeführten Leistung, d. h. der Wattkomponente des primären Stromes $\overline{M_1 M_x}$, und kann also nach dem früheren auch durch $\overline{F_2 F_x}$ dargestellt werden. Nehmen wir an, der Motor laufe leer. Dann rückt der Punkt F_2 nach M_1^∞. Das Drehmoment und die Schlüpfung sind gleich Null. Der Motor werde jetzt mit einem Widerstandsmoment $\overline{F_2 F_x}$ belastet. Die Belastung sucht den Motor zum Stehen zu bringen, d. h. verringert seine Geschwindigkeit; der Punkt F_2 bewegt sich in der Richtung von M_1^∞ nach $F_2^{w_2}$. Wenn F_2 die der Belastung entsprechende Entfernung $\overline{F_2 F_x}$ von der Geraden $\overline{OM_1^\infty}$ erreicht hat, so tritt Gleichgewicht ein. Denn würde die Geschwindigkeit noch weiter sinken, so würde die Zugkraft grösser werden als die Belastung und daher dem Läufer[28]) wieder eine Beschleunigung

[28]) Man nennt den feststehenden Teil eines asynchronen Motors **tänder**, den beweglichen **Läufer**. Welchen von beiden man als

erteilen. Der Arbeitszustand des Motors ist also *stabil.* Die Zugkraft erreicht offenbar ihren grössten Wert, wenn der Fusspunkt F_x nach dem Mittelpunkt des Kreises rückt: $\overline{F_2^I F_x^I}$ stellt das grösste Drehmoment dar. Wird das Widerstandsmoment der Belastung grösser als $\overline{F_2^I F_x^I}$, so bleibt der Motor stehen und der Punkt F_2 rückt nach $F_2^{w_2}$. Das Anzugsmoment des Motors wird dargestellt durch $\overline{F_2^{w_2} F_x^{w_2}}$. Damit der Motor anlaufen kann, muss das Widerstandsmoment der Belastung kleiner als das Anzugsmoment des Motors sein. Zwischen F_2^I und $F_2^{w_2}$ ist der Arbeitszustand des Motors *labil* und kann daher für den praktischen Gebrauch nicht in Betracht kommen. Nehmen wir z. B. an, der Motor sei mit einem Widerstandsmoment $\overline{F_2^{II} F_x^{II}}$ belastet und habe eine Geschwindigkeit, bei der sein Drehmoment gerade $= \overline{F_2^{II} F_x^{II}}$ ist. Bei der geringsten Verminderung der Geschwindigkeit sinkt aber sofort die Zugkraft des Motors, und da jetzt die Last überwiegt, bleibt der Motor stehen. Für einen stabilen Arbeitszustand ist es also erforderlich, dass eine Geschwindigkeitsverminderung die Zugkraft erhöht. Wenn die Geschwindigkeit erst einmal unter die der höchsten Zugkraft entsprechende gesunken ist und die Belastung grösser als das Anlaufsmoment ist, so kehrt der Motor daher nicht mehr in den stabilen Zustand zurück, sondern „fällt ab".

Wenn der Motor ein bestimmtes Drehmoment ausüben soll, so muss ihm nach Gleichung (42) immer dieselbe Leistung zugeführt werden, gleichgiltig, ob jene Zugkraft bei hoher oder bei niedriger Geschwindigkeit oder bei Stillstand verlangt wird. Die zugeführte Leistung teilt sich stets im Verhältnis $s : 1 - s$. Der Teil s wird in Wärme verwandelt, der Teil $(1 - s)$ setzt sich in mechanische Leistung um. Im Augenblick des Anlaufs wird die ganze zugeführte Leistung in Wärme umgesetzt. Die mechanische Leistung wird durch $\overline{G_2 G_x}$ angegeben (Gleichung 43).

Das Diagramm lässt leicht erkennen, dass ein Motor mit hohem Wirkungsgrad nur eine geringe Anlaufskraft haben kann. Oft muss aber unbedingt verlangt werden, dass ein Motor mit hohem

Primäranker und welchen als Sekundäranker benutzt, ist an sich natürlich gleichgiltig. Meist dient der Ständer als Primäranker. Dann sind in der Stromzuleitung bewegliche Teile und Übergangswiderstände vermieden.

Anzugsmoment anläuft, z. B. bei Bahnen, bei Hebezeugen, bei Arbeitsmaschinen, die viele reibende Teile haben und bei denen für die Arbeitsverrichtung nur geringe Nutzkräfte ins Spiel kommen (z. B. Druckereimaschinen). Dann muss man, da jedem Drehmoment eine ihm proportionale, bestimmte Primärleistung entspricht, den Motor zwingen, dem Leitungsnetz auch bei Stillstand möglichst viel elektrische Leistung, d. h. möglichst viel Wattstrom zu entnehmen. Um das Anzugsmoment eines Motors zu erhöhen, muss man den Punkt $F_1^{w_2}$ möglichst nah an den Punkt F_2^{I} bringen. Wir kommen also zu

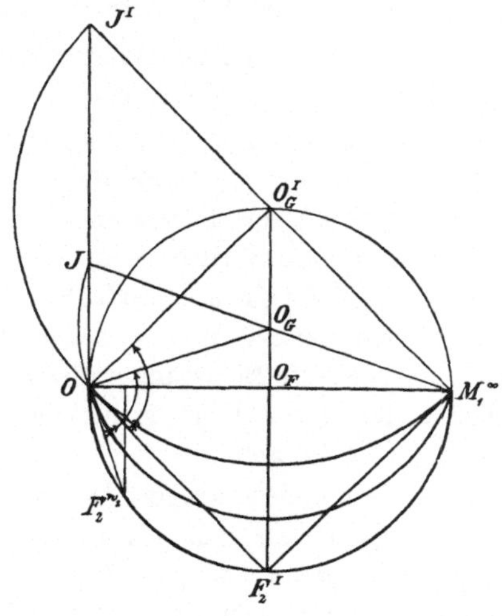

Fig. 18.

dem auf den ersten Blick paradoxen Ergebnis, dass man den **sekundären Widerstand erhöhen muss, um die Anzugskraft zu steigern.** Der Widerstand verringert den Strom, damit aber auch das Streufeld und erhöht hierdurch das sekundäre Feld, da das primäre Feld konstant ist. Das Drehmoment ist aber durch das Produkt aus dem sekundären Feld und dem sekundären Strom bestimmt. Da der eine Faktor fällt, wenn der andere steigt, so giebt es für dieses Produkt ein Maximum. Wir ziehen (Fig. 18) $\overline{OF_2^{\mathrm{I}}}$ und errichten darauf in O eine Senkrechte, die die Mittelsenkrechte auf $\overline{OM_1^{\infty}}$ in O_G^{I} trifft. Dann ist $\overline{O_F O_G^{\mathrm{I}}}$ oder auch $\overline{OJ^{\mathrm{I}}}$ ein Mafs für den Widerstand, bei dem der Motor sein höchstes Anzugsmoment entwickelt. Der Anlasswiderstand verhält sich zum Widerstand der Läuferwicklung wie $\overline{J^I J} : \overline{JO}$. Denn da $\overline{OM_1^\infty}$ konstant ist, ist $\overline{OJ^I}$ proportional $\operatorname{tg}\alpha$, also w_2. Man versieht deshalb den Läufer mit Schleifringen und verbindet diese durch Bürsten mit einem Anlasswiderstande, der bei steigender Geschwindigkeit verringert und schliesslich kurzgeschlossen wird. So sind die beiden widersprechenden Forderungen: hoher Wirkungsgrad bei normalem Betriebe und grosse Zugkraft beim Anlauf in Einklang gebracht.

Der höchste Leistungsfaktor, den der Motor erreicht, hängt nach den Gleichungen (33) bis (36) nur von der Streuung ab. Er wird um so grösser, je grösser $\varkappa$ und je kleiner τ, d. h. die Streuung ist. Den *normalen* Arbeitszustand wird man möglichst in der Nähe des günstigsten Leistungsfaktors wählen. Es ist aber auch wesentlich, dass ein Motor gelegentlich eine grosse Überlastung verträgt, ohne stehen zu bleiben. Die *Überlastbarkeit* des Motors ist dann nach dem früheren

$$U = \sim \frac{\sqrt{\varkappa}}{2} \quad \ldots \ldots \ldots \quad (37\text{a})$$

Also auch die Überlastbarkeit ist um so grösser, je kleiner die Streuung ist. Hieraus sieht man, welchen schädlichen Einfluss die Streuung auf die Induktionsmotoren ausübt und wie sehr man danach streben muss, die Streuung herabzudrücken. Wenn man die Streuung gleich Null machen könnte, so würde der Kreis für M_1 in eine Gerade übergehen, die auf $\overline{OF_1}$ in F_1 senkrecht steht ($\varkappa = \infty$). Die Streuung beeinflusst das Verhalten des Drehstrommotors so wesentlich, dass es ganz unstatthaft erscheint, ihn auch nur in roher erster Annäherung mit Vernachlässigung der Streuung zu behandeln, also in den Gleichungen $\mathfrak{D}_{2\,max}$ als konstant anzunehmen.[29])

[29]) Aus der Figur ergiebt sich

$$\overline{OF_2} = \overline{OM_1^\infty} \times \cos \widehat{F_1 O F_2}.$$

Nun hatten wir

$$\operatorname{tg} \widehat{F_1 O F_2} = \frac{s}{\beta_2} \cdot \frac{\tau}{1+\tau_1}$$

gefunden. Also ist

$$\overline{OF_2} = \overline{OM_1^\infty} \times \frac{1}{\sqrt{1 + \left(\frac{s}{\beta_2} \cdot \frac{\tau}{1+\tau_1}\right)^2}}.$$

In unsern Gleichungen können wir daher

Wenn man die Halbkreise zu vollen Kreisen ergänzt (Fig. 19) und die Schlüpfung unter Null sinken, d. h. negativ werden lässt — *Übersynchronismus* —, indem man den Motor durch mechanische Kraft von aussen schneller antreibt, so wirkt der Drehstrommotor als a s y n c h r o n e r S t r o m e r z e u g e r und giebt elektrische Leistung an das Leitungsnetz ab. Diese Leistung wächst bei steigender Geschwindigkeit auch wieder bis zu einem Maximum. Bei noch höherer Geschwindigkeit würde die Maschine in einen labilen Zustand geraten und durchgehen. Die praktische Bedeutung des asynchronen Generators ist gering. Wir gehen deshalb nicht näher darauf ein.

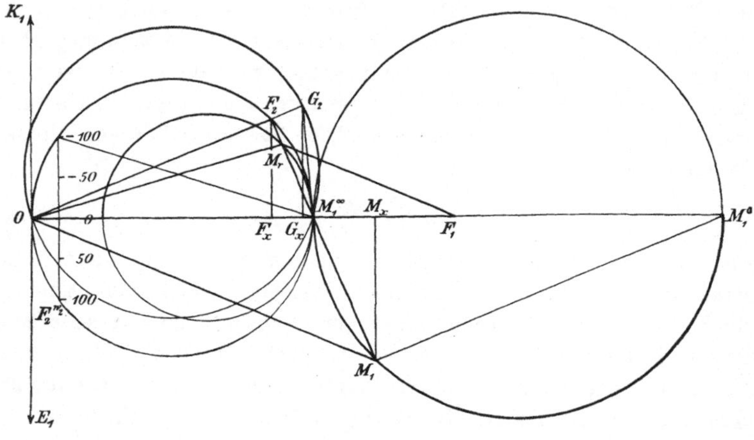

Fig. 19.

Der Übersynchronismus kann beim Senken von Lasten zu einer wirtschaftlichen Bremsung verwendet werden.

V.

Es dürfte vielleicht befremden, dass wir in unserm Diagramm den sekundären Strom des Drehstrommotors eingeführt haben, der ja nach Gleichung (40a) eine geringere Frequenz, also eine längere

---

$$\mathfrak{D}_{2\,max} = \frac{\mathfrak{D}_{2\,max}^{\infty}}{\sqrt{1 + \left(\frac{s}{\beta_2} \cdot \frac{\tau}{1 + \tau_1}\right)^2}}.$$

setzen, wobei $\mathfrak{D}_{2\,\mathrm{max}}^{\infty}$ die höchste Stärke des Drehfeldes bei Leerlauf bedeutet, also als konstant anzusehen ist.

Periode hat als die primären Grössen. Unser Diagramm setzt aber Wechselgrössen von derselben Periode voraus. Bei näherer Betrachtung finden wir jedoch bald, dass die magnetische Rückwirkung des sekundären Stromes auf den primären Stromkreis dieselbe Periode haben muss, wie der primäre Strom. Denn ein bewegter Gleichstrom wirkt ebenso wie ein ruhender Wechselstrom.[30]) Wechselgeschwindigkeit des sekundären Stromes und Drehungsgeschwindigkeit des Läufers addieren sich. Wenn der Läufer $\mathfrak{u}_2$ Umdrehungen in einer Minute macht und $P_2 = sP_1$ die Frequenz des sekundären Stromes ist, so ist offenbar

$$p_2 \frac{\mathfrak{u}_2}{60} + P_2 = P_1 = \text{const.}$$

Doch wollen wir auf diese Verhältnisse etwas näher eingehen.

Wenn der Läufer festgebremst wird, so hat der sekundäre Strom dieselbe Frequenz wie der primäre. Wenn der Läufer jetzt losgelassen wird und sich in Bewegung setzt, so nimmt die Frequenz und auch die Stärke des sekundären Stromes fortwährend ab, und wenn der Motor völlig unbelastet ist, erreicht der Motor den Synchronismus. Dann ist der sekundäre Strom gleich Null. Wenn der Strom aber nicht gleich Null wäre, so könnte bei Synchronismus in der sekundären Wicklung nur Wechselstrom von unendlich

[30]) Der allgemeine Ausdruck für die gegenseitige Induktion lautet bekanntlich (MKF Seite 314)

$$\frac{d(Mi)}{dt} = M\frac{di}{dt} + i\frac{dM}{dt}.$$

Beim Transformator ist M konstant (ruhende Wicklung), für ihn gilt daher einfacher

$$\frac{d(Mi)}{dt} = M\frac{di}{dt}.$$

Beim synchronen Motor dagegen ist i konstant (Gleichstrom), bei ihm ist daher

$$\frac{d(Mi)}{dt} = i\frac{dM}{dt}.$$

Beim asynchronen Motor endlich ist i veränderlich (die Frequenz für i ist durch die Schlüpfung s gegeben) und auch M (die Frequenz für M ist durch die Umlaufsgeschwindigkeit $v = 1 - s$ gegeben). Beim asynchronen Motor muss daher

$$\frac{d(Mi)}{dt} = M\frac{di}{dt} + i\frac{dM}{dt}$$

stehen bleiben.

langer Periode, d. h. Gleichstrom, fliessen. Bei stromloser sekundärer Wicklung kann der Motor natürlich keine Zugkraft ausüben. Soll der Motor aber auch bei synchronem Lauf ein Drehmoment entwickeln, so bleibt nichts übrig, als von aussen in die sekundäre Wicklung Gleichstrom zu schicken. Auf diese Weise schaffen wir uns einen *synchronen Motor*. Während für den asynchronen Motor $K_2 = 0$ war ($K_2 = E_2 + \varepsilon_2 = 0$, folglich $E_2 = -\varepsilon_2 = +w_2 i_2$), ist beim synchronen Motor $E_2 = 0$ (also $K_2 = \varepsilon_2 = -w_2 i_2$).

Wir wollen jetzt durch unser Diagramm die Eigenschaften des synchronen Motors näher untersuchen. Figur 20 stellt wieder das Diagramm für den asynchronen Motor dar. Für den synchronen

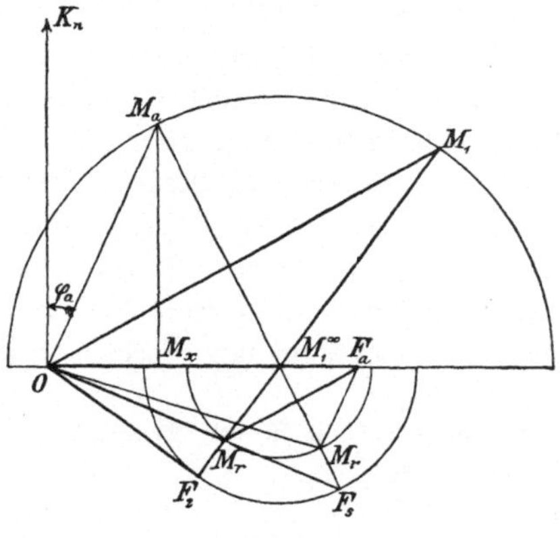

Fig. 20.

Motor giebt jetzt die Strecke $\overline{M_1 M_r}$ den Gleichstrom an und $\overline{M_r F_2}$ das von ihm erzeugte Streufeld. Nehmen wir wieder an, der Motor sei an ein Netz von konstanter Spannung angeschlossen, es sei also wieder das primäre Feld $\overline{OF_a}$, das Ankerfeld des synchronen Motors, konstant. Ferner wollen wir annehmen, dass wir die Schenkelwicklung an ein Netz von konstanter Gleichspannung angeschlossen hätten. Da der Schenkelstrom nur vom Widerstand der Schenkelwicklung abhängt, so ist der Schenkelstrom $\overline{M_1 M_r}$ konstant. Nach den früheren Erörterungen ist dann leicht einzusehen, dass die geometrischen Örter für die Punkte M_1, M_r, F_2 Kreise um M_1^∞ als Mittelpunkt sind. Da wir jetzt in beide Teile Strom schicken, so werden die Bezeichnungen primär und sekundär unbestimmt. Wir lassen daher von jetzt ab auch die Indices 1 und 2 fallen und ersetzen 1 durch a (Anker) und 2 durch s (Schenkel). Es tritt also z. B. F_a für F_1 und F_s für F_2.

Die dem Motor zugeführte Leistung wird wieder durch die Wattkomponente des Ankerstromes angegeben (sie ist $\overline{M_a M_x}$), und da wir von allen Verlusten absehen wollen, auch die abgegebene mechanische Leistung des Motors, endlich auch das Drehmoment, weil die Geschwindigkeit konstant ist. Da wir das Ankerfeld $\overline{OF_a}$ und den Schenkelstrom $\overline{M_a M_r}$ konstant halten, ist jetzt die Höhe des Punktes M_a über $\overline{OF_a}$ als unabhängige Veränderliche anzusehen,

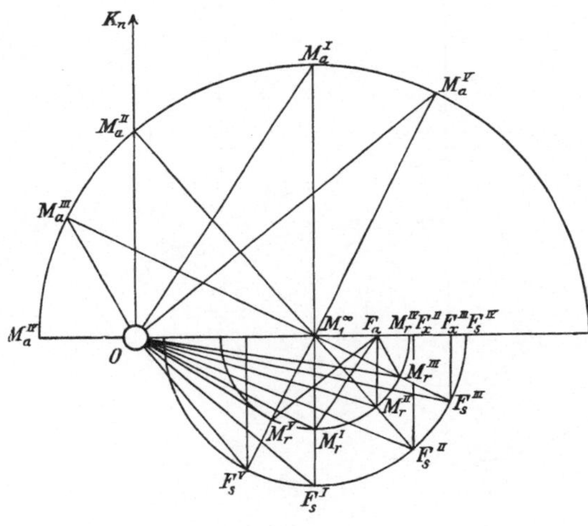

Fig. 21.

der Ankerstrom $\overline{OM_a}$ und seine Phasenverschiebung φ_a gegen die Netzspannung $\overline{OK_n}$ als abhängige Veränderliche. Wenn wir die Belastung abnehmen lassen, so wird auch diese Phasenverschiebung abnehmen. Bei einer gewissen Belastung $\overline{OM_a^{II}}$ (Fig. 21) wird Phasengleichheit eintreten, was bei asynchronen Motoren niemals möglich war. Wenn wir dann die Last noch weiter verringern, so erhalten wir sogar eine *Phasenvoreilung* des Ankerstromes $\overline{OM_a^{III}}$ gegen die Netzspannung. Bei Leerlauf eilt der Ankerstrom OM_a^{IV} um eine Viertelperiode vor. Ein leer laufender oder schwach belasteter synchroner Motor wirkt also ähnlich wie ein Kondensator. Durch

Vergrösserung des Schenkelstromes $\overline{M_a^{IV} M_r^{IV}}$ können wir den wattlosen Strom $\overline{OM_a^{IV}}$ beliebig vergrössern. Solche leerlaufenden *„übererregten“* synchronen Motoren (auch wattlose Generatoren genannt) werden daher benutzt, um die Phasenverzögerung des von asynchronen Motoren verbrauchten Stromes auszugleichen.

Das grösste Drehmoment des Motors bei der Erregung $\overline{M_a M_r}$ wird durch $\overline{M_1^{\infty} M_a^{I}}$ angegeben. Wenn wir die Belastung darüber hinaus erhöhen, so kann der synchrone Gang nicht mehr aufrecht erhalten werden und der Motor fällt aus dem Tritt. Da bei asynchronem Lauf mit Gleichstrom im sekundären Kreis die nacheinander

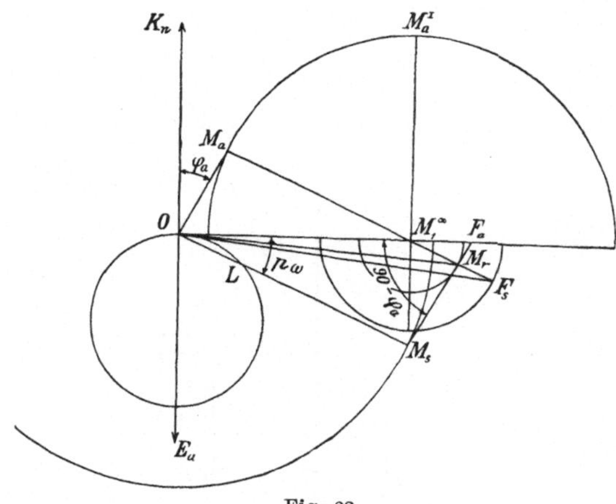

Fig. 22.

entstehenden Zugkräfte entgegengesetzte Richtung haben, mithin die mittlere Zugkraft Null ist, so bleibt der Motor stehen.

Jenseits von M_a^{I} gerät der Motor in einen labilen Zustand. Um uns das klar zu machen, betrachten wir Figur 22. In dieser bedeutet $\overline{OF_a}$ das wirkliche Ankerfeld,

$$\overline{M_s F_a} = F_a' = l_a i_a$$

das fiktive Ankerfeld, das der Drehstrom bei stromlosen Schenkeln erzeugen würde, und

$$\overline{OM_s} = F_a'' = m_s i_s$$

das fiktive Ankerfeld, das das rotierende Polrad bei stromlosem Anker erzeugen würde. l_a ist der Selbstmagnetisierungskoeffizient der Ankerwicklung und m_s der Koeffizient der gegenseitigen

Magnetisierung der Schenkelspulen auf die Ankerwicklung. Dem fiktiven Ankerfelde $F_a'' = m_s i_s$ entspricht die *Leerspannung* der Maschine (Anker stromlos)

$$E_a'' = - i_s \frac{d M_{s,a}}{dt},$$

dem fiktiven Felde $F_a' = l_a i_a$ die *EMK der Selbstinduktion*

$$E_a' = - L_a \frac{d i_a}{dt}$$

und dem wirklichen Ankerfelde F_a die *wirkliche Ankerspannung* oder *wahre EMK* der Maschine. Bei Leerlauf, d. h. wenn die Wattkomponente $\overline{M_a M_x}$ des Ankerstromes Null ist, überdecken sich $\overline{OM_s}$ und $\overline{OF_a}$. Die Amplituden des Ankerdrehfeldes, dessen Stärke sich ja nach unserer Voraussetzung längs dem Ankerumfang sinusartig ändert, werden also gerade vor den Schenkelmitten des rotierenden Polrades liegen. Dies ist jedoch bei Belastung anders.

Um uns das anschaulich zu machen, denken wir uns noch zwei andere, dem ersten gleiche, aber unbelastete Motoren an dasselbe Netz angeschlossen und koachsial neben unserm belasteten Motor aufgestellt. Wir stellen uns jetzt aussen vor den ersten leerlaufenden Motor und blicken parallel zu der gemeinsamen Achsenrichtung. Wegen der schnellen Bewegung wird das Polrad des vorderen Motors durchsichtig erscheinen. Und wenn wir jetzt durch den vorderen Motor hindurch die beiden andern betrachten, so wird eine stroboskopische Erscheinung eintreten und die Polräder der beiden andern Motoren werden uns still zu stehen scheinen.

Wir unterwerfen den dritten Motor jetzt verschiedenen Belastungen. Zunächst mögen alle drei Motoren leerlaufen. Dann wird das Polrad des dritten Motors durch das des zweiten genau verdeckt erscheinen. Im Diagramm überdecken sich $\overline{OM_s}$ und $\overline{OF_a}$. Bei Belastung des dritten Motors bildet $\overline{OM_s}$ mit $\overline{OF_a}$ einen Winkel, der mit steigender Belastung wächst. Da nun das wirkliche Ankerfeld $\overline{OF_a}$ für alle drei Motoren nach Grösse und Phase dasselbe ist und bei den beiden leerlaufenden Motoren $\overline{OM_s}$ und $\overline{OF_a}$ dieselbe Phase haben, so giebt uns die augenblickliche Stellung der Polräder der beiden ersten Motoren die augenblickliche Lage des Maximums des Ankerdrehfeldes im dritten Motor an. Da bei Belastung im Diagramm die Richtungen von $\overline{OM_s}$ und $\overline{OF_a}$ nicht mehr zusammenfallen, so wird auch das Polrad des dritten Motors nicht mehr durch das des zweiten verdeckt erscheinen, sondern um einen Winkel ω

dagegen rückwärts verschoben. Der Winkel $\widehat{F_a O M_s}$ ist offenbar $= p\omega$, wenn wir die Polzahl wieder mit $2p$ bezeichnen. Die Belastung sucht den Motor anzuhalten, kann aber wegen des notwendigen Synchronismus nicht einmal die Geschwindigkeit des Motors verringern, wie bei asynchronen Motoren, sondern nur das Polrad im synchronen Gang etwas *zurückstellen.*

Wir wollen jetzt untersuchen, wie die Leistung des Motors

$$L = E_a i_a \cos \varphi_a$$

von dem Verstellungswinkel ω abhängt. Aus der Figur 22 folgt

$$\frac{\cos \varphi_a}{\sin p\omega} = \frac{\sin(90 + \varphi_a)}{\sin p\omega} = \frac{\overline{OM_s}}{\overline{M_s F_a}}$$

$$\frac{\cos \varphi_a}{\sin p\omega} = \frac{m_s i_s}{l_a i_a}$$

oder

$$i_a \cos \varphi_a = \frac{m_s}{l_a} i_s \sin p\omega,$$

mithin

$$L = \frac{m_s}{l_a} E_a \,.\, i_s \sin p\omega \quad \ldots\ldots \quad (51)$$

d. h. die Leistung ist proportional dem Erregerstrom i_s und dem Sinus des p-fachen Verstellungswinkels ω. Dieses Ergebnis lässt sich schon unmittelbar aus der Figur ablesen, wenn man bedenkt, dass die Leistung auch durch die Höhe des Punktes M_s über $\overline{OF_a}$ angegeben wird. Es handelte sich aber noch um die Bestimmung des Proportionalitäsfaktors. Aus (51) folgt

$$\sin p\omega = l_a \,.\, \frac{L}{E_a \,.\, m_s i_s},$$

d. h. bei gegebener Leistung, Ankerspannung und Erregung ist die Verstellung des Polrades um so grösser, je grösser der Selbstmagnetisierungskoeffizient der Ankerwicklung ist, mit andern Worten die Zahl N_a der Ankerwindungen. Die Selbstmagnetisierung wirkt also als elastisches Glied. Wenn die Ankerwicklung gar keine Selbstmagnetisierung hätte, so würde

$$\frac{L}{E_a \,.\, m_s i_s} = \frac{\sin p\omega}{l_a} = \frac{0}{0}$$

sein. ω wäre bei jeder Belastung Null, es würde eine Art starrer Kupplung vorliegen.

Wir können jetzt noch mit Gisbert Kapp[31]) eine ganz zweckmässige Umformung der Gleichung (51) vornehmen. Wir setzen an

$$F_{a_0}' = l_a i_0 = m_s i_s = F_a''.$$

Wie aus der Figur hervorgeht, kann diese Gleichheit der fiktiven Felder aber nur dann eintreten, wenn das resultierende Ankerfeld $\overline{OF_a} = 0$ ist, d. h. wenn die Ankerwicklung kurzgeschlossen ist. Es bedeutet daher

$$i_0 = \frac{m_s}{l_a} i_s$$

den *Kurzschlussstrom* bei dem Erregerstrom i_s. Der Kurzschlussstrom ist also auch ein Mafs für die Erregung. Wir können deshalb die Leistung auch durch

$$L = E_a \,.\, i_0 \,.\, \sin p\omega \quad . \quad . \quad . \quad . \quad . \quad . \quad . \quad (52)$$

ausdrücken. Wenn wir auf $\overline{OE_a}$ von O aus eine Strecke $= E_a \times i_0$ abtragen und darüber als Durchmesser einen Kreis schlagen, so geben also die Stücke $\overline{OL}$, die die Kreisperipherie von $\overline{OM_s}$ abschneidet, die jeweilige Leistung des Motors unmittelbar in Watt an.

Solange nun M_s rechts von M_s^{I} (also M_a links von M_a^{I}) liegt, läuft der Motor stabil. Denn würde das Polrad (im Diagramm $\overline{OM_s}$) weiter zurückgestellt werden, so würde das Drehmoment des Motors anwachsen und ein Übergewicht über die Last gewinnen. Das Polrad würde also eine Beschleunigung erhalten und wieder in die alte Lage gerückt werden. Das Polrad kann dabei auch über die Ruhelage hinausschiessen und dann um diese pendeln. Diese Schwingungen werden dann verklingen. Sie können aber auch unter Umständen nicht bloss andauern, sondern sogar anwachsen und dadurch den synchronen Gang gefährden. Darauf kommen wir noch zurück.

Wenn sich M_s jenseits von M_s^{I} befindet, so ist der Motor in einem labilen Zustande. Wenn die Verdrehung des Polrades im Sinne der Belastung zunimmt, so nimmt die Zugkraft des Motors ab, die Last erlangt ein Übergewicht und bringt den Motor zum Stillstand.

Wenn wir durch einen synchronen Motor hindurch einen asynchronen von derselben Polzahl betrachten, so scheint sein Läufer nicht still zu stehen, sondern sich langsam rückwärts zu drehen, nämlich entsprechend der Schlüpfungsgeschwindigkeit. Statt

---

[31]) ETZ 1899 Seite 135.

den asynchronen Motor durch einen synchronen hindurch zu betrachten, können wir ihn auch mit einer Wechselstrombogenlampe beleuchten, die an dasselbe Netz angeschlossen ist. Auch dann scheint sich der Läufer rückwärts zu drehen. Eine ähnliche Wahrnehmung machen wir, wenn wir in einem Eisenbahnzuge sitzen und an einem in derselben Richtung langsamer fahrenden Zuge vorbeikommen.

Wir ergänzen jetzt wieder die Halbkreise zu vollständigen Kreisen (Fig. 23). Wenn die Eckpunkte des Diagrammes auf die neuen Halbkreise übertreten, so wird die Wattkomponente des

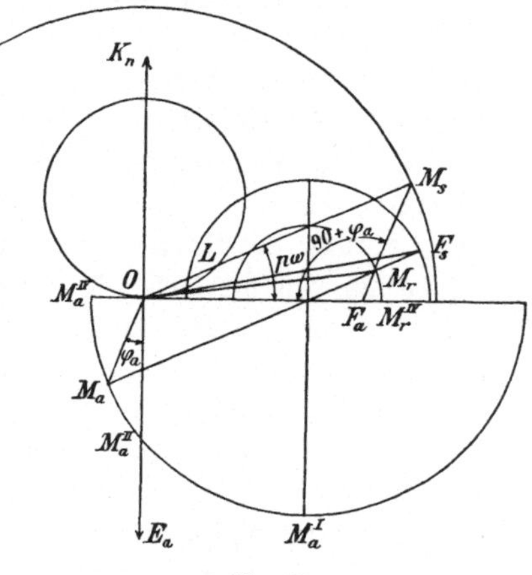

Fig. 23.

Stromes negativ. Die Maschine entnimmt nicht mehr dem Netz Leistung, sondern giebt Leistung an das Netz ab. Der synchrone Motor geht, ähnlich wie früher der asynchrone, in einen zum Netz parallel geschalteten Generator über, nur dass der synchrone Generator eine grosse praktische Bedeutung hat, während der asynchrone Generator bis jetzt keine praktische Wichtigkeit erlangt hat. Betrachten wir zunächst den Punkt M_a^{II}, d. h. den Fall der Phasengleichheit zwischen Strom und Spannung, so sehen wir, dass der Strom jetzt dieselbe Phase, wie die EMK $\overline{OE_a}$ der Maschine, die Ankerspannung, hat, gegen die Netzspannung $\overline{OK_n}$ aber um 180° oder eine halbe Periode verschoben ist.

Bei wachsender Phasenverzögerung bewegt sich der Punkt M_a in der Richtung auf M_a^{IV}. Dabei wird die Leistung der Maschine kleiner. Wenn die Maschine weder Leistung an das Netz abgiebt, noch ihm entzieht, so kommt M_a nach M_a^{IV} und der Strom ist gegen die EMK um eine Viertelperiode verzögert. Der Strom ist wattlos.

Nehmen wir jetzt einmal an, die Maschine sei soeben auf das Netz geschaltet worden und solle sich an der Leistungslieferung beteiligen. Es fragt sich: Wie können wir die Maschine zwingen, elektrische Leistung an das Netz abzugeben? Einen Gleichstromgenerator, der auf ein Netz von konstanter Spannung arbeitet und dessen Antriebsmaschine auf konstante Geschwindigkeit bei variabler Leistung reguliert wird, brauchen wir bekanntlich nur stärker zu erregen, um ihn zur Stromabgabe zu zwingen.[32]) Wenn wir aber die Gleichstromerregung $\overline{M_a^{IV} M_r^{IV}}$ unseres Wechselstromerzeugers verstärken, schieben wir, wie wir schon früher gesehen haben, nur den Punkt M_a^{IV} weiter nach links. Man kann also Wechselstrommaschinen nicht auf dieselbe Weise zur Mitarbeit zwingen, wie Gleichstrommaschinen. Hier müssen wir das *Drehmoment der Antriebsmaschine vergrössern*, bei einer Dampfmaschine also das Dampfventil weiter öffnen (die Füllung vergrössern), bei einer Turbine die Schützen höher ziehen (die Beaufschlagung vergrössern). Also nur durch Vergrösserung der Kraftzufuhr können wir den Punkt M_a von der Geraden $\overline{OF_a}$ vertreiben. Die Phasenverzögerung des Stromes nimmt dann immer mehr ab und geht dann durch Null in eine Phasenvoreilung über (Fig. 24). Die höchste Leistung, die die Maschine bei der Erregung $\overline{M_a M_r}$ an das Netz abgeben kann, wird durch $\overline{M_1^{\infty} M_a^{I}}$ angegeben. Verstärken wir die Kraftzufuhr darüber hinaus, so geht die Maschine durch. Jenseits von M_a^{I} befindet sich die Maschine überhaupt auch wieder in einem labilen Zustande.

Wir haben gesehen, dass zwischen einem synchronen Motor und einem parallel geschalteten Generator grosse Ähnlichkeit besteht. Wir wollen jetzt einmal die Unterschiede aufsuchen. Zunächst lehrt ein Blick auf die Figur, dass Phasenverzögerung und Phasenvoreilung ihre Rolle getauscht haben. Bei derselben Erregung erhalten wir beim Motor einen geringeren Ankerstrom bei Phasenvoreilung, beim Generator bei Phasenverzögerung. Um denselben Ankerstrom zu erhalten, brauchen wir daher für den Motor bei Phasen-

[32]) Siehe z. B. FISCHER-HINNEN, Gleichstrommaschinen (4. Auflage, Zürich 1899) Seite 93.

voreilung mehr Erregung als bei Phasenverzögerung, für den Generator dagegen bei Phasenverzögerung mehr Erregung. Beim Motor wirkt also ein voreilender Strom stärker entmagnetisierend, beim Generator dagegen ein verzögerter Strom. Die MMK $\overline{OM_a}$ des Ankers nennt man *Ankerrückwirkung*. Wenn wir uns entschliessen, mit Phasenverschiebungen von mehr als 90° oder einer Viertelperiode zu rechnen, so fallen diese Unterschiede übrigens weg.

Als charakteristischen Unterschied zwischen Motor und Generator erkennen wir aber leicht, dass beim Motor die Schenkelerregung $\overline{OM_s}$ stets gegen das Ankerfeld $\overline{OF_a}$ verzögert ist, beim

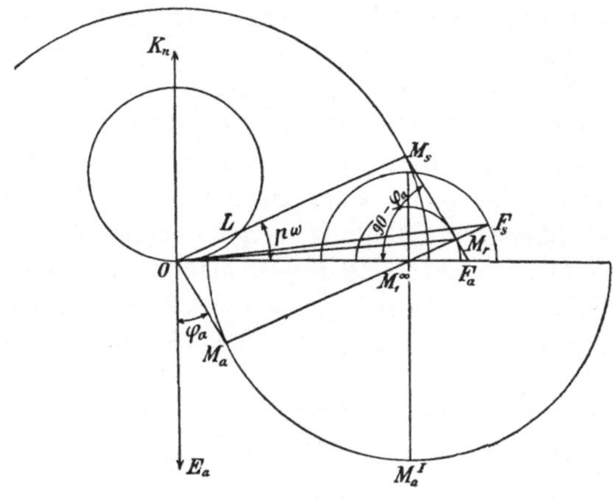

Fig. 24.

Generator aber immer die Schenkelerregung dem Ankerfelde voreilt. Dasselbe Verhältnis besteht natürlich auch zwischen Leerspannung und Ankerspannung (EMK).

Ein sehr interessanter und praktisch wichtiger Fall ist noch der, wo das Drehmoment $\overline{M_a M_x}$ der Antriebsmaschine nicht konstant ist, wie bei Turbinen, sondern periodisch schwankt, wie bei Dampfmaschinen. Denn der Tangentialdruck der Kurbelstange ist bei jeder Kurbelstellung anders, also auch das Drehmoment. Dann werden die Punkte M_a, M_r, F_s und M_s auf den Kreisen hin- und herschwingen. Das Polrad wird entsprechend $\overline{OM_s}$ eine über den synchronen Gang gelagerte Schwingung ausführen. Der Verstellungswinkel ω ist nicht mehr bei einer bestimmten Belastung konstant, sondern

$$\omega = \omega_0 + \Delta\,\omega.$$

Der konstante Winkel ω_0 würde der gegebenen Belastung entsprechen, wenn keine Schwingungen vorhanden wären, entspricht also der Ruhelage. Die Elongation $\Delta\,\omega$ ist eine periodische Funktion der Zeit, z. B.

$$\Delta\,\omega = \Delta\,\omega_{max} \, . \, \sin\,(\Gamma t - \chi).$$

Dadurch schwankt die Leistung der Maschine

$$L = E_a i_0 \sin p\,(\omega_0 + \Delta\,\omega)$$

periodisch um den Mittelwert

$$L_0 = E_a i_0 \sin p\,\omega_0.$$

Die der Schwingung entgegenwirkende Leistungszu- oder Abnahme ist der Elongation $\Delta\omega$ annähernd proportional, d. h. dem jeweiligen Abstand des Polrades von der Ruhelage. Wenn $\Delta\,\omega_{max}$ so stark anwächst, dass

$$\omega_0 + \Delta\,\omega_{max} = \frac{90^0}{p}$$

wird, gerät die Maschine in das labile Gebiet und fällt aus dem Tritt. Man muss daher $\Delta\,\omega_{max}$ möglichst klein zu machen suchen. Hierzu werden bekanntlich an den Dampfmaschinen Schwungmassen angebracht; es wird also das *Trägheitsmoment* vergrössert. Zur Beschleunigung der Schwungmassen wird eine Leistung aufgewendet, die der Winkelbeschleunigung $\frac{d^2\Delta\,\omega}{d\,t^2}$ proportional ist. Wenn dieser Ausdruck negativ wird (Winkelverzögerung), geben die Schwungmassen die in ihnen aufgespeicherte Arbeit wieder an die Maschine zurück. Hutin und Leblanc haben eine sehr wirksame *Dämpfung* der Schwingungen ersonnen. Sie bringen auf den Schenkeln der Polräder noch kurzgeschlossene Windungen an, wie bei einem asynchronen Motor. Die Schwingungen sind ja weiter nichts als eine bald positiv, bald negativ werdende Schlüpfung. Beim Schwingen müssen in den kurzgeschlossenen Windungen Ströme entstehen, die den Schwingungen nach Gleichung (41) einen um so grösseren Widerstand entgegensetzen, je grösser die Schlüpfung, d. h. die augenblickliche Schwingungsgeschwindigkeit $\frac{d\,\Delta\,\omega}{d\,t}$ ist; beim Passieren der Ruhelage ist die Dämpfung also am stärksten.

Am meisten gefährdet wird der Parallelbetrieb durch *Resonanz* (Mitschwingen), d. h. wenn sich die Wirkungen der aufeinanderfolgenden Stösse nicht aufheben, sondern addieren. Nach bekannten Gesetzen der Physik wird die Schwingungsweite $\Delta\,\omega_{max}$ um so grösser werden, je mehr sich die Schwingungsdauer T_a der Antriebsmaschine der Eigenschwingungsdauer T_0 der Dynamomaschine nähert. Eine eingehendere Untersuchung[33]) zeigt, dass $\Delta\,\omega_{max}$ mit dem Ausdruck

$$\zeta = \pm \frac{1}{\left(\frac{T_a}{T_0}\right)^2 - 1}$$

(Resonanzmodul) wächst. Man muss daher T_a und T_0 möglichst verschieden zu machen suchen.

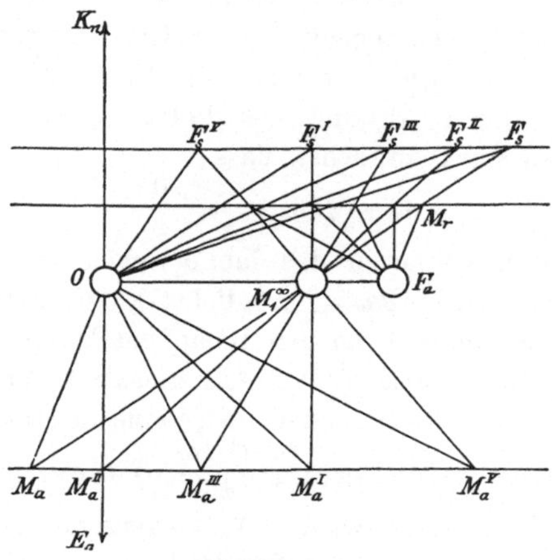

Fig. 25.

Praktisch wichtig ist es noch, den synchronen Motor und den parallel geschalteten Generator unter etwas anderen Arbeitsbedingungen zu betrachten. Es sei wieder die Netzspannung und daher das Ankerfeld konstant. Jetzt werde aber die Leistung $\overline{M_a M_x}$ konstant gehalten und der Erregerstrom $\overline{M_a M_r}$ geändert. Die geometrischen Örter für die Punkte M_a, M_r, F_s sind jetzt offenbar gerade Linien, die parallel zu $\overline{OF_a}$ laufen (Fig. 25). Wir beschränken uns auf die Betrachtung des Generators, da sich beim synchronen Motor kein wesentlicher Unterschied zeigt. Bei M_a^{I} haben wir den kleinsten

[33]) ETZ 1900 Heft 10: GÖRGES, Das Verhalten parallel geschalteter Wechselstrommaschinen.

zulässigen Erregerstrom und bei M_a^{II} den kleinsten erreichbaren Ankerstrom. Bei M_a^{I} eilt der Strom der Spannung vor, bei M_a^{II} herrscht Phasengleichheit. Wenn man über M_a^{I} hinausgeht, so gerät man auf das labile Gebiet. Über M_a^{II} hinaus herrscht Phasenverzögerung. Hier giebt es keine Grenze für den stabilen Gang. Man kann sich diese Verhältnisse noch übersichtlicher machen, wenn man die Strahlen $\overline{M_1^{\infty} M_a}$ als Abscissen und die zugehörigen Strahlen $\overline{OM_a}$ als Ordinaten aufträgt. Man erhält dann die unter dem Namen V-Kurve[34]) bekannte Figur 26. Nur die Phase des Ankerstromes ist aus dieser Darstellung nicht zu ersehen. Für jede Leistung giebt es eine bestimmte Erregung, bei der der Ankerstrom ein

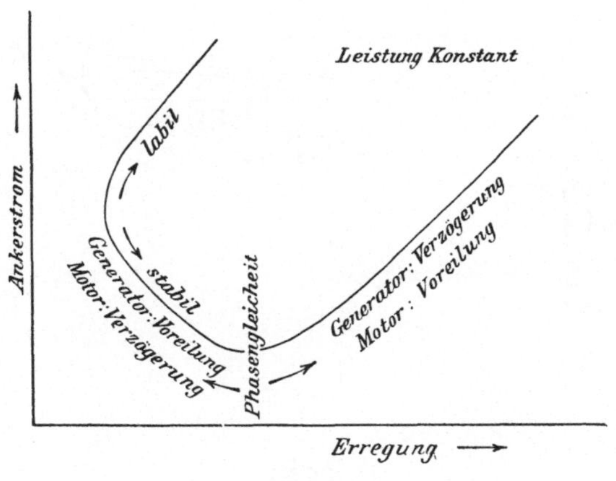

Fig. 26.

Minimum und der Wirkungsgrad ein Maximum wird. Ausserdem giebt es für jede Leistung eine kleinste Erregung. Wenn diese unterschritten wird, fällt der Generator aus dem Tritt und geht durch.

Wir haben bis jetzt nur solche Stromerzeuger betrachtet, die zusammen mit andern auf ein Netz arbeiten. Wir wollen jetzt noch einen Generator untersuchen, der allein einen Verbrauchsstromkreis versorgt. Wir nehmen an, die Erregung $\overline{M_a M_r}$ dieses Generators werde nicht geändert. Ferner sei die Phasenverschiebung $\varphi_a = \widehat{M_a O E_a}$ des Stromes gegen die EMK konstant. (Einfachheits-

[34]) Diese Kurve ist zuerst von R. W. WEEKES gezeichnet worden

halber sehen wir von dem kleinen ohmischen Spannungsverlust in der Ankerwicklung ab.) Da $\overline{M_a M_r}$ konstant ist, so ist auch $\overline{M_r F_s}$ konstant. Wir betrachten $\overline{M_a F_s}$ als festliegend (Fig. 27). Dann sind auch die Punkte M_1^∞ und M_r festliegend. Die Punkte O und F_a bewegen sich auf Kreisbogen über $\overline{M_a M_1^\infty}$ und $\overline{M_1^\infty M_r}$, die den Peripheriewinkel $(90^0 + \varphi_a)$ fassen. Da $\overline{OE_a}$ dem Felde $\overline{OF_a}$, also auch $\overline{OM_1^\infty}$ proportional ist, so ist der Winkel $\widehat{E_a M_1^\infty O}$ konstanst, folglich auch der Winkel $\widehat{M_1^\infty E_a H_a}$. Mithin bewegt sich auch E_a auf einem Kreisbogen. Wollen wir jetzt für einen beliebigen Ankerstrom die Ankerspannung bestimmen, so schlagen wir mit diesem

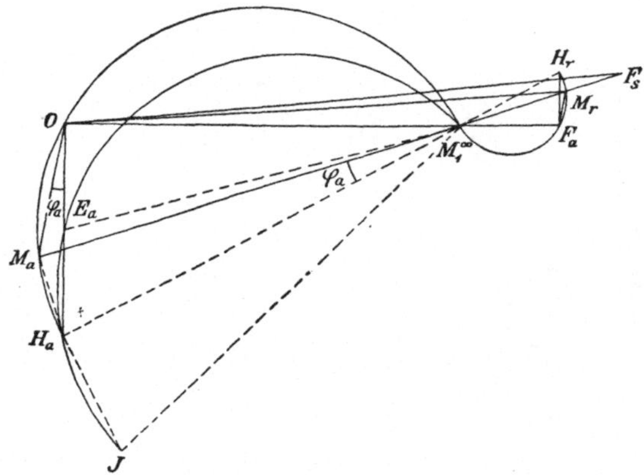

Fig. 27.

Strome um M_a einen Kreis, erhalten O, ziehen $\overline{OH_a}$ und erhalten E_a. Dann ist $\overline{OE_a}$ die Ankerspannung beim Strome $\overline{OM_a}$.

Ebenso wichtig ist die umgekehrte Aufgabe, die Erregung für einen beliebigen Ankerstrom bei konstanter Phasenverschiebung φ_a zu bestimmen, wenn die Ankerspannung $\overline{OE_a}$ konstant bleiben soll. Dann können wir die Punkte O, M_1^∞, F_a, E_a als festliegend ansehen (Fig. 28). Dann ist auch die Richtung von $\overline{OM_a}$ und $\overline{F_a M_r}$ festliegend. Für einen angenommenen Ankerstrom $\overline{OM_a}$ ziehen wir $\overline{M_a M_1^\infty}$ und erhalten als erforderliche Erregung $\overline{M_a M_r}$.

Die beiden letzten Diagramme zur Bestimmung des Spannungsabfalles können jedoch in dieser einfachen Form nur als rohe Annäherungen gelten, weil dabei der *magnetische Widerstand des Eisens* als verschwindend klein angenommen ist. Das ist aber bei Generatoren nicht mehr zulässig, da man bei ihnen die Kraftliniendichte in den Schenkeln ziemlich hoch treiben kann, weil hier keine nennenswerte Erwärmung zu fürchten ist. (Wenn die Schenkel einem Nutenanker gegenüber stehen, wie es meist der Fall ist, so erhitzen sie sich dennoch. Denn die Zähne reissen die Kraftlinien ein Stück mit und lassen sie dann durch die Nut zum nächsten Zahn zurückschnellen. So schwingen die Kraftlinien hin und her und verursachen dadurch eine zuweilen sehr starke Erwärmung der Schenkel.) Wir müssen deshalb unser Diagramm noch entsprechend ergänzen.

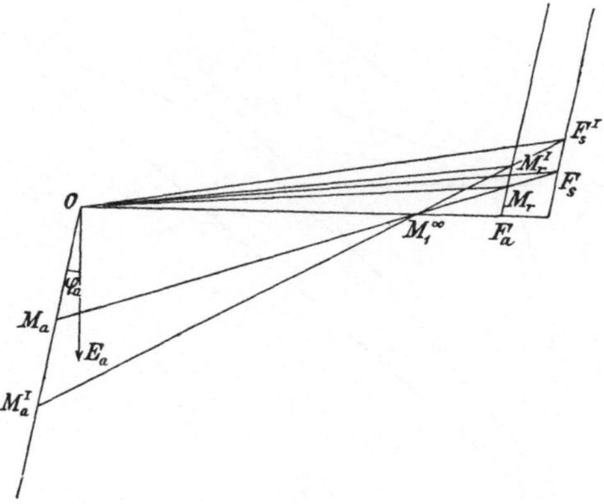

Fig. 28.

Figur 29 schliesst sich an Figur 28 an. Es bedeutet, wie früher, $\overline{OF_a}$ das Ankerfeld, $\overline{OF_l}$ das Luftfeld und $\overline{OF_s}$ das Schenkelfeld. $\overline{OF_l}$ bedeutet zugleich die Zahl der Amperwindungen, die nötig sind, um die Luft zu magnetisieren, oder den magnetischen Spannungsabfall, den das Feld $\overline{OF_l}$ im magnetischen Widerstande der Luftschicht verursacht. Dem magnetischen Spannungsverluste in der Luft sind jetzt die Spannungsverluste im Anker- und im Schenkeleisen anzugliedern. Der magnetische Spannungsverlust muss natürlich (wenn man von Hysteresis absieht) dem zugehörigen Felde proportional und phasengleich sein, strenger 180° Phasenverschiebung dagegen haben.

Das Feld $\overline{OF_a}$ ruft im Ankereisen einen Spannungsabfall $\overline{O\mu_a}$ hervor. Die Amperwindungen, die nötig sind, um das Feld

$\overline{OF_s}$ durch das Schenkeleisen zu treiben, werden durch $\overline{F_l V}$ angegeben. Die resultierende MMK muss dann jedenfalls gleich der Summe von $\overline{\mu_a O}$, $\overline{OF_l}$ und $\overline{F_l V}$ sein, also $= \overline{\mu_a V}$. Wenn daher $\mu_a P_a' = \overline{OM_a}$ die Ankeramperwindungen bedeutet, so sind die Schenkelamperwindungen $\overline{P_a' V}$. Die magnetische Potentialdifferenz $\overline{P_a' O}$ erzeugt das Ankerstreufeld $\overline{F_a F_l}$, die magnetische Potentialdifferenz $\overline{P_a' F_l}$ das Schenkelstreufeld $\overline{F_l F_s}$.

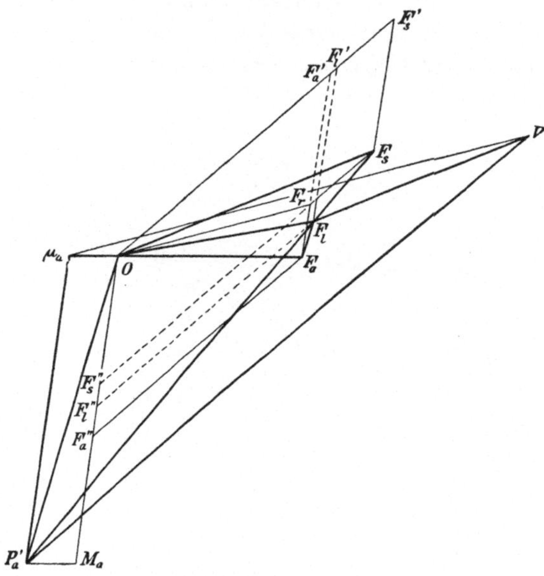

Fig. 29.

Wenn man jetzt für einen gegebenen Ankerstrom $\overline{\mu_a P_a'}$ mit der Phasenverschiebung $\varphi_a = (\widehat{P_a' \mu_a O} - 90^0)$ die Schenkelamperwindungen $\overline{P_a' V}$ bestimmen will, die nötig sind, damit im Anker ein Nutzfeld $\overline{OF_a}$ entsteht, so bestimmt man zunächst die Zahl der Amperwindungen $\overline{\mu_a O}$, die nötig sind, um das gewünschte Feld $\overline{OF_a}$ durch das Ankereisen zu treiben, trägt dann $\overline{\mu_a O}$ unter dem Winkel $(90^0 + \varphi_a)$ an $\overline{P_a' \mu_a}$ an und erhält $\overline{P_a' O}$. Darauf berechnet man sich die magnetische Leitfähigkeit für das Ankerstreufeld und multipliziert damit $\overline{P_a' O}$, wodurch sich das Ankerstreufeld $\overline{F_a F_l}$ und damit zugleich das Luftfeld $\overline{OF_l}$ ergiebt. Dann berechnet man die Zahl der Amperwindungen für die Magnetisierung der Luft. (Wenn man die Maſsstäbe für Felder und MMKe nicht zufällig so gewählt hat, werden jetzt Luftfeld und Luftamperwindungen nicht mehr durch dieselbe Länge dargestellt.) Indem man dann die Erregung $\overline{P_a' F_l}$ mit der magnetischen Leitfähigkeit für das Schenkelstreufeld multipliziert erhält man das Schenkelstreufeld $\overline{F_l F_s}$ und auch das Schenkelfeld $\overline{OF_s}$ selbst. Wenn man jetzt noch die Amperwindungen $\overline{F_l V}$ berechnet, die nötig sind, um das Schenkelfeld $\overline{OF_s}$ durch das Schenkeleisen zu treiben, so findet man schliesslich die Zahl der Amperwindungen, die man thatsächlich als Erregung auf die Schenkel aufbringen muss, um die dem Felde $\overline{OF_a}$ entsprechende Ankerspannung zu erhalten.[35])

Wir haben hier überall mit wirklichen Feldern und wirklichen magnetischen Spannungen gerechnet. Jedoch kann man dieses Diagramm auch aus fiktiven Feldern ableiten.[36]) Wenn nur in den Schenkeln Strom flösse ($= \overline{P_a' V}$), der Anker aber stromlos wäre, so würde in den Schenkeln ein Feld $\overline{OF_s'}$ entstehen. Davon würde aber nur der Teil $\overline{OF_l'}$ durch die Luft in den Anker übertreten, der Rest $\overline{F_l' F_s'} = f_1'$ würde die Schenkelstreuung darstellen. Von dem Luftfelde $\overline{OF_l'}$ wird ein kleiner Teil $\overline{F_a' F_l'} = f_2'$ als Ankerstreufeld durch die in den Ankerkern eingestanzten Nuten verlaufen. Die Ankerdrähte werden dann thatsächlich nur noch von so viel Kraftlinien umschlungen, wie $\overline{OF_a'}$ angiebt. Wenn nur ein Ankerstrom flösse, so würden sich in ähnlicher Weise zwei Streufelder ergeben: ein Ankerstreufeld $\overline{F_l'' F_a''} = f_2''$ und ein Schenkelstreufeld $\overline{F_s'' F_l''} = f_1''$. Durch Überlagerung finden wir dann die wirklichen Felder

$$\left.\begin{aligned} F_s &= F_s' + F_s'' = l_1 i_1 + m_2 i_2 \\ F_l &= F_l' + F_l'' \\ F_a &= F_a' + F_a'' = m_1 i_1 + l_2 i_2 \end{aligned}\right\} \quad . \quad . \quad . \quad . \quad . \quad (53)$$

und die wirklichen Streufelder

$$\left.\begin{aligned} f_1 &= f_1' + f_1'' \\ f_2 &= f_2' + f_2'' \end{aligned}\right\} \quad . \quad . \quad . \quad . \quad . \quad . \quad . \quad . \quad . \quad . \quad . \quad (54)$$

Das Diagramm lässt sich vereinfachen, wenn man sich mit dem wirklichen Schenkelfeld F_s und dem wirklichen Ankerfeld

---

[35]) Dass auch diese genauere Darstellung nur eine Annäherung an die wirklichen Verhältnisse ist, habe ich ETZ 1901 Seite 90 gezeigt.

[36]) Vergleiche hierzu ETZ 1900 Seite 1032.

F_a begnügt, im übrigen aber fiktive Felder zulässt. Dann erhält man ein dem Schenkelstrom proportionales fiktives Streufeld $\overline{F_r F_s} = \overline{F_a' F_s'}$

$$f' = f_1' + f_2' = \lambda_1 i_1 \quad \ldots \ldots \quad (55)$$

und ein dem Ankerstrom proportionales fiktives Streufeld $\overline{F_r F_a} = \overline{F_s'' F_a''}$

$$f'' = f_1'' + f_2'' = \lambda_2 i_2, \quad \ldots \ldots \quad (56)$$

endlich ein den resultierenden Amperwindungen proportionales fiktives Feld $\overline{OF_r}$, das wir deshalb als *gemeinsam erregtes Feld* bezeichnen wollen,

$$F_r = F_a' + F_s'' = m_1 i_1 + m_2 i_2 \quad \ldots \ldots \quad (57)$$

Die Gleichungen (53) bis (57) treten jetzt als strengerer Ausdruck an Stelle der Gleichungen (19) und (22). $OF_a F_r F_s$ ist aber unsere alte Figur. Wir können also diese einfache Figur beibehalten, wenn wir den darin vorkommenden Strecken zum Teil eine andere Bedeutung beilegen.

Es wäre nun sehr leicht ein der Figur 25 entsprechendes Kreisdiagramm der wirklichen Felder zu entwerfen. Doch würde dieses wenig Wert haben, weil jetzt die magnetische Leitfähigkeit des Eisens wegen der hohen Kraftliniendichte nicht mehr annähernd konstant bleibt, sondern mit wachsendem Feld stark abnimmt.[37]) Da hier also keine Proportionalität mehr zwischen Strom und Feld herrscht, ist nach den Erörterungen der Einleitung zum zweiten Teile auch eine Überlagerung von fiktiven Feldern nicht mehr zulässig.[38])

---

[37]) In Wirklichkeit ist auch der magnetische Widerstand des Luftspaltes nicht als konstant anzusehen, da die Kraftlinien ihn um so schräger durchsetzen, je grösser die Belastung ist.

[38]) Um ein Missverständnis auszuschliessen, das allerdings kaum durch die hier gegebene Darstellung veranlasst werden könnte, dem man aber sonst oft begegnet, sei hier ausdrücklich darauf hingewiesen, dass es sich bei unsern Diagrammen nicht um Zusammensetzung von Vektoren, d. h. im Raum gerichteten Grössen handelt, sondern um die Zusammensetzung von Amplituden periodisch veränderlicher Grössen mit gegenseitiger Phasenverschiebung. Es liegt hier also nicht das Kräfteparallelogramm vor. Felder und MMKe oder Kraftlinienzahlen und Amperwindungszahlen, die wir ja hier zusammensetzen, sind überhaupt keine Vektoren. Echte Vektoren sind dagegen 1. die Feldstärke oder Kraftliniendichte $\mathfrak{D}$, 2. die magnetisierende Kraft oder die Zahl $\mathfrak{M}$ der

Man wird bemerkt haben: Die elektromagnetische Erscheinung, die das eigentümliche mechanische Verhalten der Wechselstrommaschinen bestimmt, ist bei den synchronen Maschinen die Selbstinduktion, bei den asynchronen aber nur die Streuung.

VI.

Wir haben das Verhalten des asynchronen Drehstrommotors erst zwischen Stillstand und Synchronismus und dann bei Übersynchronismus untersucht. Hierbei hatte der Drehstrommotor immer eine absolute Geschwindigkeit im Sinne des Drehfeldes. Wir haben aber noch nicht untersucht, wie sich der Drehstrommotor verhält, wenn er rückwärts, d. h. gegen das Drehfeld gedreht wird, wenn also seine Schlüpfung grösser als + 100 pCt. ist.

Nehmen wir z. B. an, ein Drehstrommotor treibe eine Winde an und hebe eine Last. Die Last möge nun plötzlich über die höchste Zugkraft des Motors hinaus vergrössert werden. Dann wird die herabfallende Last den Motor rückwärts drehen, wenn nicht gebremst wird. Wie aus den früheren Diagrammen hervorgeht, wird dabei die Zugkraft des Motors mit steigender Geschwindigkeit immer kleiner und erst bei unendlicher Geschwindigkeit Null. Die Geschwindigkeit wird daher fortwährend wachsen, bis die Last auf eine feste Unterlage aufschlägt.

Wir betrachten weiter zwei genau gleiche, mechanisch miteinander gekuppelte Drehstrommotoren. Wenn wir beide Motoren parallel so an dasselbe Netz anschliessen, dass die Drehfelder denselben Drehungssinn erhalten, so können wir uns beide Motoren durch einen einzigen doppelt so grossen Drehstrommotor ersetzt denken. Daran wird auch nichts geändert, wenn wir die beiden Motoren nicht parallel, sondern hintereinander schalten und mit dem Netz verbinden, sobald wir nur die Netzspannung verdoppeln. Das Verhalten der beiden Motoren ändert sich aber wesentlich, wenn wir sie so hintereinander schalten, dass die beiden Drehfelder entgegengesetzten Drehungssinn haben.

Bei Stillstand hat jeder Motor 100 pCt. Schlüpfung. Sobald sich die Motoren aber in der einen oder andern Richtung mit irgend

---

Amperwindungen pro 1 cm Kraftlinienlänge. Die Kraftlinienzahl ist dann das Flächenintegral des ersten Vektors, $F = \int \mathfrak{D} \, . \, dQ$, und die Amperwindungszahl das Linienintegral des zweiten Vektors, $M = \int \mathfrak{M} \, . \, dl$.

einer Geschwindigkeit drehen, haben sie ungleiche Schlüpfungen. Wenn z. B. der eine Motor mit 30 pCt. Schlüpfung läuft, so läuft der andre augenscheinlich mit 170. Die Summe der beiden Schlüpfungen ist also immer 200 pCt. Da die Motoren hintereinander geschaltet sind, haben sie in jedem Augenblick denselben primären Strom. Die primären Ströme haben demnach bei beiden Motoren dieselbe Amplitude und Phase.

Da die beiden Motoren genau gleich gebaut sein sollen, so ist das Diagramm für den einen Motor vollständig bestimmt, wenn das zugehörige Diagramm des andern Motors für irgend einen Belastungszustand gegeben ist. Es sei z. B. $OG_{I} F_{I} M_{rI} O_{II} M_{I}^{\infty} M_{I}$ das Diagramm

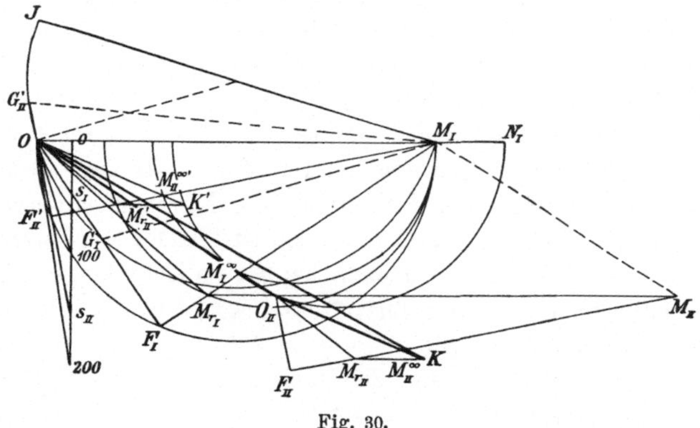

Fig. 30.

für den ersten Motor (Fig. 30). Wegen der Reihenschaltung stellt OM_{I} nach Grösse und Phase auch den Strom im zweiten Motor dar. Da der zweite Motor dieselbe Streuung haben soll wie der erste, so liegen die Eckpunkte des Diagramms für den zweiten Motor auf den in der Figur eingezeichneten Kreisen. Wir können jetzt in ähnlicher Weise wie früher einen Schlüpfungsmafsstab anbringen. $\overline{0 s_{I}}$ giebt die Schlüpfung des ersten Motors an. Die Schlüpfung des andern Motors ist dann $\overline{s_{I} 200} = \overline{0 s_{II}}$. Wenn wir $\overline{Os_{II}}$ ziehen, erhalten wir das Diagramm $OG_{II}' F_{II}' M_{r}'{}_{II} K' M_{II}^{\infty}{}' M_{I}$ für den zweiten Motor.

Jetzt sind die Klemmenspannungen $\overline{OO_{II}}$ und $\overline{OK'}$ zu addieren. Hierbei müssen die primären Ströme phasengleich bleiben. Wir verschieben daher das Diagramm des zweiten Motors parallel zu sich selbst, bis O auf O_{II} fällt. Das Diagramm des zweiten Motors ist dann $O_{II} F_{II} M_{rII} K M_{II}^{\infty} M_{II}$. Daher ist die Netzspannung $\overline{OK}$. Diese ist als konstant zu betrachten.

Wir können weiter durch O_{II} und K Parallelen zu $\overline{F_I M_I}$ und $\overline{F_{II} M_{II}}$ ziehen und erhalten so (Fig. 31) $B_I N_I$ und $B_{II} N_{II}$. Es ergiebt sich daher folgende geometrische Aufgabe: In dem rechtwinkligen Dreieck $O B_I N_I$ ist die eine Kathete $\overline{B_I N_I}$ durch den Punkt O_{II} im Verhältnis $\tau : 1$ geteilt. Es wird darauf $\overline{O_{II} N_{II}}$ parallel und gleich $\overline{O N_I}$ gezogen. Über $\overline{O_{II} N_{II}}$ als Hypothenuse wird ein rechtwinkliges Dreieck so gezeichnet, dass

$$\operatorname{tg} \widehat{N_I O B_I} + \operatorname{tg} \widehat{N_{II} O_{II} B_{II}} = 2 \,.\, \operatorname{tg} \vartheta = \text{const}$$

ist. Die Kathete $\overline{B_{II} N_{II}}$ dieses neuen rechtwinkligen Dreiecks werde durch den Punkt K auch im Verhältnis $\tau : 1$ geteilt. Welches sind

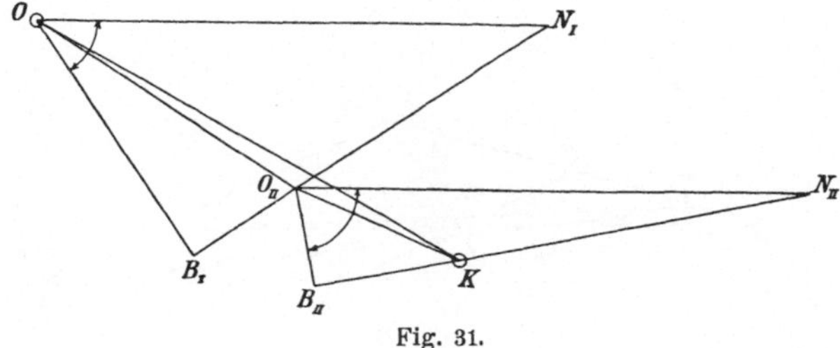

Fig. 31.

dann die geometrischen Örter für die Punkte $O_{II} B_I N_I B_{II} N_{II}$, wenn die Punkte O und K als festliegend, die Strecke $\overline{OK}$ also als konstant betrachtet wird?

Diese geometrischen Örter sind keine Kreise mehr. Wir gehen deshalb auch nicht weiter auf die Lösung ein. Wir haben diese Kupplung von zwei Drehstrommotoren überhaupt nur deswegen besprochen, weil sie gewöhnlich zur Erklärung für das Verhalten des asynchronen *Einphasenmotors* herangezogen wird. Nach Leblanc[39]) kann die Wechselerregung des Einphasenmotors nämlich in zwei Dreherregungen zerlegt werden:

$$M_1 \cos p\lambda \cos \gamma_1 t = \frac{1}{2} M_1 \cos (p\lambda - \gamma_1 t) + \frac{1}{2} M_1 \cos (p\lambda + \gamma_1 t).$$

[39]) La Lumière Electrique, Bd. 46, Seite 654 (31. Dez. 1892). — Der analoge Satz ist in der Optik als Fresnelscher bekannt: Jeder geradlinig polarisierte Strahl kann in zwei kreisförmig polarisierte von entgegengesetzter Drehrichtung zerlegt werden.

Die linke Seite stellt die Amperwindungen eines Einphasenmotors dar, die beiden Glieder der rechten Seite je die Amperwindungen eines halb so grossen Mehrphasenmotors. Die beiden gekuppelten Drehstrommotoren können durch einen Mehrphasen- oder Einphasenmotor ersetzt werden, je nachdem ihre Drehfelder denselben oder entgegengesetzten Drehungssinn haben. Hieraus folgt unmittelbar, dass sich ein Einphasenmotor ungünstiger verhalten muss als ein gleich grosser Mehrphasenmotor.

In ähnlicher Weise können wir das Verhalten des synchronen Einphasenmotors untersuchen. Denken wir uns zunächst zwei mechanisch gekuppelte synchrone Mehrphasenmotoren so hinter-

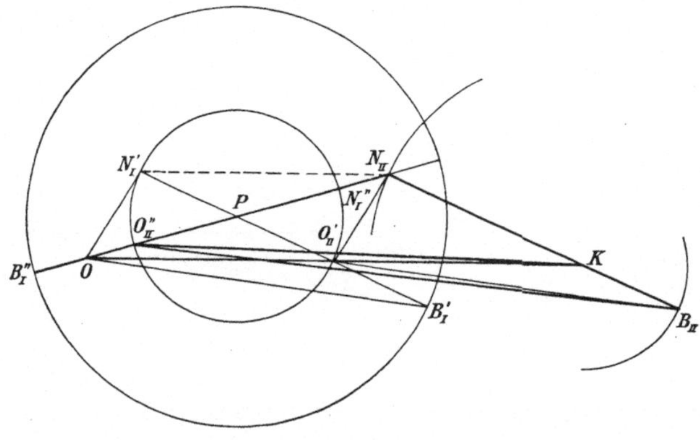

Fig. 32.

einander geschaltet, dass ihre Drehfelder denselben Drehungssinn haben. Die Diagramme für die beiden Motoren werden dann bei jeder beliebigen Belastung stets gleich sein. Sie mögen in Figur 32 durch $OB_I{}'N_I{}'$ und $O_{II}{}'B_{II}N_{II}$ dargestellt werden. Nehmen wir jetzt wieder an, dass der erregende Gleichstrom konstant sei, so sind die geometrischen Örter für N_{II} und B_{II}, da K ein fester Punkt ist, offenbar Kreise um K als Mittelpunkt. Wenn wir jetzt den ersten Motor so umschalten, dass sich sein Drehfeld in entgegengesetzter Richtung dreht, der Motor also mit 200 pCt. Schlüpfung läuft, so können die Diagramme für die beiden Motoren nicht mehr gleich bleiben. Die Klemmenspannungen der beiden Motoren werden weder gleiche Amplituden noch Phasen haben. Der Punkt O_{II} kann nicht mehr bei O_{II}' liegen. Doch lässt sich leicht ein geometrischer Ort für O_{II} angeben. $\overline{O_{II} N_I'}$ wird offenbar immer durch die Verbindungslinie des festen Punktes O mit dem angenommenen Punkt N_{II} halbiert. Da auch der Erregerstrom bei beiden Motoren derselbe ist, so muss $\overline{O_{II} N_I} = \overline{K N_{II}}$ sein. Die Punkte O_{II} und N_I müssen also jedenfalls auf dem Kreise liegen, dessen Mittelpunkt der Halbierungspunkt P von $\overline{O N_{II}}$ ist und dessen Durchmesser $= \overline{K N_{II}}$ ist. B_I liegt auf einem zweiten Kreise um P.

Zur vollständigen Bestimmung des Diagramms ist jetzt noch eine zweite Bedingung zu suchen. Das mittlere Drehmoment des ersten Motors, der mit 200 pCt. Schlüpfung läuft, ist Null, folglich auch seine Leistung.[40]) Denn nur bei synchronem Lauf kann ein Drehstrommotor mit Gleichstrom im sekundären Kreis eine Zugkraft ausüben. Nun ist die Leistung des einen Motors $\overline{O O_{II}} \times \overline{O N_I} \times \cos \varphi_I = \overline{O O_{II}} \times \overline{O N_I} \times \sin \widehat{O_{II} O N_I}$, ebenso die des andern $\overline{O_{II} K} \times \overline{O_{II} N_{II}} \times \sin \widehat{K O_{II} N_{II}}$. Die Leistungen werden also durch die Inhalte der Dreiecke $O O_{II} N_I$ und $O_{II} K N_{II}$ angegeben. Das Dreieck für den ersten Motor ist daher so zu zeichnen, dass sein Inhalt Null wird. Es geht also in eine gerade Linie über.

Mithin ist das Diagramm für den ersten Motor $O B_I'' O_{II}'' N_I''$, das Diagramm für den zweiten Motor $O_{II}'' B_{II} K N_{II}$. Man sieht, dass sich der synchrone Einphasenmotor ungünstiger, aber nicht wesentlich anders als der synchrone Mehrphasenmotor verhält.

Das Verhalten des asynchronen Einphasenmotors kann man noch auf einem ganz andern Wege untersuchen.[41]) Von den beiden

[40]) Vergleiche A. Blondel, Moteurs synchrones à courants alternatifs (Paris bei Gauthier-Villars und Masson & Cie.) Seite 35 und 36.

[41]) ETZ 1895, Heft 48–51, Hans Görges, Zur Theorie der asynchronen Wechselstrommotoren. Von der dort gegebenen vollständigen Theorie des asynchronen Einphasenmotors führe ich hier nur soviel an, als nötig ist, um diese Theorie der entsprechenden Rechnung gegenüberzustellen, die im Abschnitt IV für den Mehrphasenmotor durchgeführt worden ist, und um den Unterschied zwischen den Vorgängen in den beiden Arten von asynchronen Motoren erkennen zu lassen.

Der Ansatz für die Zahl der von einer Windung umspannten Kraftlinien, den man in jener Abhandlung findet, hat sinusartige Verteilung des Feldes zur Voraussetzung. Für die Dichte $\mathfrak{D} = f(\lambda)$ gilt nämlich nach jenem Ansatze die Bedingung

Wechselfeldern eines zweipoligen Zweiphasenmotors (der eigentlich richtiger Vierphasenmotor genannt werden sollte) können wir das eine als *Hauptfeld* bezeichnen, das andre als *Querfeld*. Diese Bezeichnungen werden wir auf mehrpolige Motoren übertragen können. Das Hauptwechselfeld und das Querwechselfeld überlagern sich zum Drehfeld von der Stärke

$$\mathfrak{D}_2 = \mathfrak{D}_h + \mathfrak{D}_q,$$

wobei

$$\mathfrak{D}_h = \mathfrak{d}_h \cos p\lambda$$

$$\mathfrak{D}_q = \mathfrak{d}_q \sin p\lambda.$$

$\mathfrak{d}_h$ und $\mathfrak{d}_q$ hängen nur noch von der Zeit ab. Ihre Amplituden oder Effektivwerte sind beim Zweiphasenmotor unter normalen Verhältnissen gleich und werden nach Gleichung (26) konstant bleiben, wenn die Klemmenspannung, wie üblich, konstant gehalten wird. Auf beide Felder wirken primäre und sekundäre Ströme ein. Wir können also jedes der beiden Felder in zwei fiktive Felder zerlegen

$$\mathfrak{d}_h = \mathfrak{d}_h' + \mathfrak{d}_h''$$

$$\mathfrak{d}_q = \mathfrak{d}_q' + \mathfrak{d}_q''.$$

$$lr \int_{\lambda - \frac{1}{2}\frac{\pi}{p}}^{\lambda + \frac{1}{2}\frac{\pi}{p}} f(\lambda) \, . \, d\lambda = F_t \, . \cos p\lambda.$$

Wenn man differentiiert und mit -1 multipliziert, so erhält man hieraus

$$f\left(\lambda - \frac{1}{2}\frac{\pi}{p}\right) - f\left(\lambda + \frac{1}{2}\frac{\pi}{p}\right) = \frac{p F_t}{lr} \, . \sin p\lambda,$$

und wenn man noch λ durch $\lambda + \frac{1}{2}\frac{\pi}{p}$ ersetzt,

$$f(\lambda) - f\left(\lambda + \frac{\pi}{p}\right) = \frac{p F_t}{lr} \, . \cos p\lambda.$$

Aus Symmetriegründen ist aber

$$f\left(\lambda + \frac{\pi}{p}\right) = -f(\lambda),$$

folglich

$$f(\lambda) = \frac{p F_t}{2r \, . \, l} \, . \cos p\lambda.$$

Das Feld muss also sinusartig verteilt sein.

Für den besondern Fall $p = 1$ (zweipoliger Motor) kann man sich auch vorstellen, dass sich der Anker in einem homogenen Wechselfelde befinde. Dann giebt $f(\lambda)$ die radialen Komponenten der Feldstärke an.

Die Amplituden der fiktiven Felder rechts sind dabei Funktionen der Belastung des Motors. Wenn nur die primären Ströme vorhanden wären, so würden wir das fiktive Feld

$$\mathfrak{D}_2' = \mathfrak{d}_h' \cos p\lambda + \mathfrak{d}_q' \sin p\lambda$$

erhalten, und wenn nur die sekundären Ströme vorhanden wären, das fiktive Feld

$$\mathfrak{D}_2'' = \mathfrak{d}_h'' \cos p\lambda + \mathfrak{d}_q'' \sin p\lambda.$$

Der Zweiphasenmotor geht in einen Einphasenmotor über, wenn wir

$$\mathfrak{d}_q' = 0$$

machen, d. h. die das Querfeld erzeugende primäre Wicklung vom Netz abschalten. Dann ist das Querfeld

$$\mathfrak{d}_q = \mathfrak{d}_q''$$

nicht mehr konstant, sondern eine Funktion der Belastung des Motors. Insbesondere ist bei Stillstand des Motors $\mathfrak{d}_q'' = 0$. Dann erzeugen die sekundären Ströme nur das fiktive Gegenfeld

$$\mathfrak{D}_h'' = \mathfrak{d}_h'' \cos p\lambda.$$

Es entsteht deshalb kein Drehmoment und der Motor kann nicht von selbst anlaufen. Dies ändert sich jedoch, wenn der Motor auf eine gewisse Geschwindigkeit in der einen oder andern Drehrichtung gebracht worden ist. Dann ist $\mathfrak{d}_q'' = \mathfrak{d}_q$ von Null verschieden. Dieses Querfeld soll zunächst berechnet werden. Erst dann können wir das wirkliche Gesamtfeld $\mathfrak{D}_2$ des Einphasenmotors erhalten, das wir zur Bestimmung der mechanischen Grössen brauchen.

Das thatsächlich wirksame sekundäre Gesamtfeld hat (wenn wir von Streuung und primärem Widerstand absehen) die Stärke

$$\mathfrak{D}_2 = \mathfrak{d}_h \cos p\lambda + \mathfrak{d}_q \sin p\lambda \quad . \quad . \quad . \quad . \quad . \quad (58)$$

Das erste Glied rechts hängt nur von der als konstant angenommenen primären Klemmenspannung ab und ist daher bekannt. Das zweite Glied hängt nur vom sekundären Strome ab und ist also bekannt, sobald dieser bekannt ist. Nun wird aber der sekundäre Strom seinerseits wieder von $\mathfrak{D}_2 = \mathfrak{D}_h + \mathfrak{D}_q$ erzeugt. Diese gegenseitige Abhängigkeit von sekundärem Strom und Querfeld ermöglicht die Berechnung dieser Grössen.

Zunächst berechnen wir den sekundären Strom. Es sei l die Länge und r der Radius des Läufers. Dann ist ein Element des Feldquerschnittes auf der Ankeroberfläche

$$dQ = l \,.\, r d\lambda$$

und die unendlich dünne Kraftröhre durch diesen Schnitt

$$dF = \mathfrak{D}_2 \,.\, dQ = lr\mathfrak{D}_2 d\lambda.$$

Wir nehmen jetzt an, dass sich der Läufer mit der Winkelgeschwindigkeit $\frac{\gamma_2}{p}$ drehe. Bei Synchronismus ist $\gamma_2 = \gamma_1 = 2\pi P_1$, wenn P_1 die Frequenz des primären Stromes bezeichnet. Die Normale einer Windung, die zur Zeit $t = 0$ in der Richtung λ lag, hat zur Zeit $t = t$ die Richtung $\lambda + \frac{\gamma_2}{p} t$. Eine Windung umspanne einen Bogen $\frac{\pi}{p}$ auf dem Ankerumfang. Zur Zeit t geht also durch eine Windung, deren Normale zur Zeit $t = 0$ die Richtung λ hatte, ein Feld von

$$F_{\gamma_2} = lr \int_{\lambda + \frac{\gamma_2}{p} t - \frac{1}{2}\frac{\pi}{p}}^{\lambda + \frac{\gamma_2}{p} t + \frac{1}{2}\frac{\pi}{p}} \mathfrak{D}_2 \, . \, d\lambda$$

Kraftlinien. Nach Gleichung (58) ist dann

$$F_{\gamma_2} = lr\mathfrak{d}_h \int_{\lambda + \frac{\gamma_2}{p} t - \frac{1}{2}\frac{\pi}{p}}^{\lambda + \frac{\gamma_2}{p} t + \frac{1}{2}\frac{\pi}{p}} \cos p\lambda \, . \, d\lambda + lr\mathfrak{d}_q \int_{\lambda + \frac{\gamma_2}{p} t - \frac{1}{2}\frac{\pi}{p}}^{\lambda + \frac{\gamma_2}{p} t + \frac{1}{2}\frac{\pi}{p}} \sin p\lambda \, . \, d\lambda$$

$$F_{\gamma_2} = \frac{2\,lr}{p}\left[\mathfrak{d}_h \cos(p\lambda + \gamma_2 t) + \mathfrak{d}_q \sin(p\lambda + \gamma_2 t)\right] \quad . \quad . \quad (59)$$

Danach entsteht in jener Windung eine EMK

$$E_{\gamma_2} = -\frac{dF_{\gamma_2}}{dt}$$

$$E_{\gamma_2} = -\frac{2\,lr}{p}\left[\frac{d\mathfrak{d}_h}{dt}\cos(p\lambda + \gamma_2 t) - \gamma_2 \mathfrak{d}_h \sin(p\lambda + \gamma_2 t) + \frac{d\mathfrak{d}_q}{dt}\sin(p\lambda + \gamma_2 t) + \gamma_2 \mathfrak{d}_q \cos(p\lambda + \gamma_2 t)\right]$$

oder

$$E_{\gamma_2} = -2\,lr\frac{\gamma_1}{p}\left[\mathfrak{d}_{I}\cos(p\lambda + \gamma_2 t) + \mathfrak{d}_{II}\sin(p\lambda + \gamma_2 t)\right],$$

wenn man

$$\left.\begin{aligned} \mathfrak{d}_{I} &= \frac{1}{\gamma_1}\frac{d\mathfrak{d}_h}{dt} + v\mathfrak{d}_q \\ \mathfrak{d}_{II} &= \frac{1}{\gamma_1}\frac{d\mathfrak{d}_q}{dt} - v\mathfrak{d}_h \end{aligned}\right\} \quad . \quad . \quad . \quad . \quad . \quad . \quad . \quad (60)$$

und

$$\gamma_2 = v\gamma_1$$

setzt. Bezeichnet man die Schlüpfung mit s, so ist

$$v + s = 1 \quad \ldots\ldots\ldots \quad (61)$$

Eine andere Windung, deren Normale zur Zeit t die Richtung λ hat, hatte zur Zeit $t = 0$ ihre Normale in der Richtung $(\lambda - \frac{\gamma_2}{p} t)$. Die EMK in dieser Windung ist daher zur Zeit t

$$E_\lambda = -2lr \frac{\gamma_1}{p} [\mathfrak{d}_I \cos p\lambda + \mathfrak{d}_{II} \sin p\lambda] \quad \ldots \quad (62)$$

Es sei w der Widerstand einer Windung. Dann ist der Strom in einer Windung

$$i_\lambda = \frac{E_\lambda}{w}$$

$$i_\lambda = -2 \frac{lr}{w} \frac{\gamma_1}{p} [\mathfrak{d}_I \cos p\lambda + \mathfrak{d}_{II} \sin p\lambda] \quad \ldots \quad (63)$$

Diese Gleichung drückt die Abhängigkeit des sekundären Stromes von dem noch unbekannten Felde $\mathfrak{D}_2$ aus. Es ist jetzt noch die Rückwirkung des sekundären Stromes auf dieses Feld zu berechnen. Dann wird auch das Querfeld $\mathfrak{d}_q$ bestimmt sein, da dieses vom sekundären Strome allein erzeugt wird.

Es sei N_2 die Gesamtzahl der sekundären Windungen. Dann sind am Orte λ

$$M_2 = \frac{N_2}{2\pi} \int_{\lambda - \frac{1}{2}\frac{\pi}{p}}^{\lambda + \frac{1}{2}\frac{\pi}{p}} i_\lambda \, . \, d\lambda$$

Dekaamperwindungen wirksam. Es ergiebt sich

$$M_2 = -\frac{N_2}{w} . \frac{lr}{\pi} . \frac{\gamma_1}{p} \left[\mathfrak{d}_I \int_{\lambda - \frac{1}{2}\frac{\pi}{p}}^{\lambda + \frac{1}{2}\frac{\pi}{p}} \cos p\lambda \, . \, d\lambda + \mathfrak{d}_{II} \int_{\lambda - \frac{1}{2}\frac{\pi}{p}}^{\lambda + \frac{1}{2}\frac{\pi}{p}} \sin p\lambda \, . \, d\lambda \right]$$

$$M_2 = -2 \frac{N_2}{w} \frac{lr}{\pi p} . \frac{\gamma_1}{p} [\mathfrak{d}_I \cos p\lambda + \mathfrak{d}_{II} \sin p\lambda] \quad \ldots\ldots \quad (64)$$

Es sei μ die magnetische Durchlässigkeit des Mediums und x die halbe mittlere Länge einer Kraftlinie. Dann ist die Stärke des von den sekundären Strömen erzeugten fiktiven Feldes[42])

---

[42]) MKF Seite 193 und 194.

$$\mathfrak{D}_2'' = \mu \,.\, 4\pi \frac{M_2}{x}$$

$$\mathfrak{D}_2'' = -8 \frac{N_2}{w} \mu \frac{lr}{px} \,.\, \frac{\gamma_1}{p} [\mathfrak{d}_{\mathrm{I}} \cos p\lambda + \mathfrak{d}_{\mathrm{II}} \sin p\lambda]$$

$$\mathfrak{D}_2'' = -k [\mathfrak{d}_{\mathrm{I}} \cos p\lambda + \mathfrak{d}_{\mathrm{II}} \sin p\lambda], \quad \ldots \ldots \quad (65)$$

wenn wir

$$8 \frac{N_2}{w} \mu \frac{lr}{px} \,.\, \frac{\gamma_1}{p} = k \quad \ldots \ldots \quad (66)$$

setzen. Der Ausdruck k hat die Dimension: $m^0 l^0 t^0 = 1$, ist also eine unbenannte Zahl. Die Zahl k hängt ausser von der Frequenz des Stromes nur noch von der Konstruktion des Motors ab und muss stets positiv sein. Die fiktive Feldstärke $\mathfrak{D}_2''$ können wir nach Gleichung (65) in zwei Teile zerlegen, in die Stärke des fiktiven *Gegenfeldes*

$$\mathfrak{D}_h'' = -k \mathfrak{d}_{\mathrm{I}} \cos p\lambda \quad \ldots \ldots \quad (67)$$

und in die Stärke des *Querfeldes*

$$\mathfrak{D}_q = -k \mathfrak{d}_{\mathrm{II}} \sin p\lambda \quad \ldots \ldots \quad (68)$$

Aus (67) und (68) ersieht man die Bedeutung von $\mathfrak{d}_{\mathrm{I}}$ und $\mathfrak{d}_{\mathrm{II}}$. Früher haben wir

$$\mathfrak{D}_q = + \mathfrak{d}_q \sin p\lambda$$

gesetzt. Daraus folgt

$$\mathfrak{d}_q = -k \mathfrak{d}_{\mathrm{II}} \quad \ldots \ldots \quad (69)$$

oder nach (60)

$$\mathfrak{d}_q = -k \left(\frac{1}{\gamma_1} \frac{d\mathfrak{d}_q}{dt} - v \mathfrak{d}_h \right) \quad \ldots \ldots \quad (69\,\mathrm{a})$$

Diese Differentialgleichung ist die Bestimmungsgleichung für das gesuchte Querfeld $\mathfrak{d}_q$.

Bis jetzt haben wir die Funktion $\mathfrak{d}_h = \varphi(t)$, die die Abhängigkeit des Hauptfeldes $\mathfrak{d}_h$, mit andern Worten: der primären Klemmenspannung oder der Netzspannung von der Zeit t ausdrückt, unbestimmt gelassen. Wir wollen jedoch die Differentialgleichung nicht allgemein für eine beliebige Funktion φ lösen, sondern über diese Funktion eine Annahme machen. Für Wechselstrom ist die einfachste Annahme: $\mathfrak{d}_h$ sei eine Sinusfunktion der Zeit. Dann wird auch $\mathfrak{d}_q$ eine Sinusfunktion der Zeit sein. Denn sinusartige Änderungen erzeugen immer wieder sinusartige Änderungen von derselben Periode, solange Proportionalität herrscht. Da wir uns schon über die Art der gesuchten Funktion $\mathfrak{d}_q = f(t)$ im klaren sind, so können wir auch die Differentialgleichung für $\mathfrak{d}_q$ auf eine elementare (transcendente) Gleichung zurückführen. Es sei also

$$\left.\begin{array}{l}\mathfrak{d}_h = \mathfrak{D}_{max} \sin \gamma_1 t \\ \mathfrak{d}_q = \mathfrak{D}_{q\,max} \sin (\gamma_1 t - \delta)\end{array}\right\} \quad \ldots \ldots \ldots \quad (70)$$

Dann ergiebt sich nach (60)

$$\left.\begin{array}{l}\mathfrak{d}_{\mathrm{I}} = \mathfrak{D}_{max} \cos \gamma_1 t + v \mathfrak{D}_{q\,max} \sin (\gamma_1 t - \delta) \\ \mathfrak{d}_{\mathrm{II}} = \mathfrak{D}_{q\,max} \cos (\gamma_1 t - \delta) - v \mathfrak{D}_{max} \sin \gamma_1 t\end{array}\right\} \quad \ldots \quad (71)$$

Wenn wir in (69) für $\mathfrak{d}_q$ und $\mathfrak{d}_{\mathrm{II}}$ die Werte aus (70) und (71) einsetzen, so erhalten wir

$$\mathfrak{D}_{q\,max} \sin (\gamma_1 t - \delta) = - k \left[\mathfrak{D}_{q\,max} \cos (\gamma_1 t - \delta) - v \mathfrak{D}_{max} \sin \gamma_1 t\right] \quad (72)$$

Hierin sind $\mathfrak{D}_{q\,max}$ und δ die noch zu bestimmenden Unbekannten. Hierzu zerlegen wir Gleichung (72) in zwei Gleichungen, indem wir erst $\gamma_1 t = 0$ und dann $= \frac{\pi}{2}$ setzen. Dadurch bekommen wir

$$+ \mathfrak{D}_{q\,max} \sin \delta = + k \, \mathfrak{D}_{q\,max} \cos \delta \quad \ldots \ldots \quad (73)$$

$$+ \mathfrak{D}_{q\,max} \cos \delta = - k \left[\mathfrak{D}_{q\,max} \sin \delta - v \mathfrak{D}_{max}\right] \quad \ldots \quad (74)$$

Aus (73) folgt sofort

$$\operatorname{tg} \delta = + k \quad \ldots \ldots \ldots \quad (75)$$

Unsere Annahme in (70), dass die Phase von $\mathfrak{d}_q$ gegen die von $\mathfrak{d}_h$ verzögert sei (nicht ihr voreile), bestätigt sich also. Durch Division von (73) und (74) entsteht ferner

$$\operatorname{tg} \delta = - \frac{\mathfrak{D}_{q\,max} \cos \delta}{\mathfrak{D}_{q\,max} \sin \delta - v \mathfrak{D}_{max}},$$

und wenn wir mit $\cos \delta$ multiplizieren,

$$\sin \delta = - \frac{\mathfrak{D}_{q\,max} \cos^2 \delta}{\mathfrak{D}_{q\,max} \sin \delta - v \mathfrak{D}_{max}}$$

$$\mathfrak{D}_{q\,max} \sin^2 \delta - v \mathfrak{D}_{max} \sin \delta = - \mathfrak{D}_{q\,max} \cos^2 \delta$$

$$\mathfrak{D}_{q\,max} = v \mathfrak{D}_{max} \sin \delta \quad \ldots \ldots \quad (76)$$

Durch die Gleichungen (75) und (76) ist das Querfeld vollkommen bestimmt. Wir können die Gleichung (76) auch noch schreiben

$$\mathfrak{D}_{q\,max} = v \mathfrak{D}_{max} \frac{k}{\sqrt{1 + k^2}} \quad \ldots \ldots \ldots \quad (77)$$

Aus (70) folgt

$$\mathfrak{d}_q = \mathfrak{D}_{q\,max} (\cos \delta \sin \gamma_1 t - \sin \delta \cos \gamma_1 t)$$

oder

$$\mathfrak{d}_q = v \mathfrak{D}_{max} \frac{k}{1 + k^2} (\sin \gamma_1 t - k \cos \gamma_1 t) \quad \ldots \quad (78)$$

Jedoch ist es oft bequemer, den Winkel δ stehen zu lassen. Dann ist einfach

$$\left.\begin{aligned} \mathfrak{d}_q &= v\, \mathfrak{D}_{max} \sin\delta \,.\, \sin(\gamma_1 t - \delta) \\ \operatorname{tg}\delta &= +k = +8\,\frac{N_2}{w}\,\mu\,\frac{lr}{px}\cdot\frac{\gamma_1}{p} \end{aligned}\right\} \quad . \; . \; . \; . \; . \quad (79)$$

Hieraus geht hervor, dass der Einphasenmotor gleich einem Zweiphasenmotor wird für $v = 1$ und $k = \infty$ oder $\delta = 90^0$ (d. h. wenn das Querfeld um $\frac{1}{4}$ Periode gegen das Hauptfeld verzögert ist). Die Phasenverschiebung δ des Querfeldes gegen das Hauptfeld ist unabhängig von der Geschwindigkeit v oder der Schlüpfung s des Motors. Um δ möglichst nahe an 90^0 heranzubringen, muss man möglichst viele Windungen von kleinem Widerstande auf dem Sekundäranker unterbringen und die magnetische Kapazität des Motors möglichst gross machen, d. h. den Luftspalt so klein halten, wie es mechanische Rücksichten noch eben erlauben. Bei gegebener Frequenz ist also δ eine Konstante des Motors.

Ferner sieht man, dass das Querfeld mit der Geschwindigkeit v und der Amplitude $\mathfrak{D}_{max}$ des Hauptfeldes wächst. Bei Stillstand ist das Querfeld gleich Null, der Motor kann daher nicht anlaufen. Mit steigender Geschwindigkeit nähert sich der Einphasenmotor nach (79) dem Mehrphasenmotor, d. h. das Gesamtfeld des Motors einem reinen Drehfelde.

Nach (58), (70) und (79) ist das Gesamtfeld des Motors

$$\mathfrak{D}_2 = \mathfrak{D}_{max}\,[\sin\gamma_1 t \cos p\lambda + v \sin\delta \sin(\gamma_1 t - \delta) \sin p\lambda] \quad . \quad (80)$$

oder nach (78)

$$\mathfrak{D}_2 = \mathfrak{D}_{max}\left[\sin\gamma_1 t \cos p\lambda + v\,\frac{k}{1+k^2}\,(\sin\gamma_1 t - k\cos\gamma_1 t)\sin p\lambda\right] \quad (81)$$

oder, wenn wir in der Klammer $\cos\gamma_1 t \sin p\lambda$ erst subtrahieren und dann wieder addieren,

$$\mathfrak{D}_2 = \mathfrak{D}_{max}\left\{\sin(\gamma_1 t - p\lambda) + \frac{vk\sin\gamma_1 t + [1 + (1-v)k^2]\cos\gamma_1 t}{1+k^2}\sin p\lambda\right\} \quad . \; . \quad (82)$$

Hierdurch ist das Gesamtfeld des Einphasenmotors in ein reines Drehfeld und ein darüber gelagertes Wechselfeld zerlegt. Für $v = 1$ und $k = \infty$ verschwindet das Wechselfeld.

Nachdem wir das Gesamtfeld des Einphasenmotors bestimmt haben, können wir die übrigen Grössen jetzt in ähnlicher Weise berechnen, wie früher für den Drehstrommotor.

Wenn ein geschlossener Stromkreis durch ein Feld bewegt wird, von dem er F Linien umschlingt, so entsteht in ihm eine EMK

$$E = -\frac{dF}{dt}.$$

Fliesst dabei in dem Kreis der Strom i, so muss für die Bewegung die Leistung

$$L = -Ei = i\frac{dF}{dt}$$

aufgewendet werden, mithin in der Zeit dt die Arbeit

$$dA = L dt = i dF.$$

Wenn es sich um eine fortschreitende Bewegung handelt, so können wir die Arbeit durch das Produkt aus Kraft und zurückgelegter Wegstrecke ausdrücken

$$dA = \mathfrak{K} \,.\, ds,$$

und wenn es sich um eine Drehung handelt, durch das Produkt aus Drehmoment und Drehungswinkel

$$dA = \mathfrak{a} \,.\, d\lambda,$$

denn wir können $ds = r d\lambda$ setzen. Daher ist[43])

$$\mathfrak{K} = i\frac{dF}{ds}$$

und

$$\mathfrak{a} = i\frac{dF}{d\lambda}.$$

Hier ist

$$i_\lambda = -2\frac{lr}{w}\frac{\gamma_1}{p}[\mathfrak{d}_{\rm I}\cos p\lambda + \mathfrak{d}_{\rm II}\sin p\lambda] \quad . \quad . \quad . \quad . \quad . \quad (63)$$

$$F_\lambda = +2\frac{lr}{p}[\mathfrak{d}_h\cos p\lambda + \mathfrak{d}_q\sin p\lambda] \quad . \quad . \quad . \quad . \quad (59\text{a})$$

$$\frac{dF_\lambda}{d\lambda} = -2lr\,[\mathfrak{d}_h\sin p\lambda - \mathfrak{d}_q\cos p\lambda],$$

also

$$\mathfrak{a} = 4\frac{l^2r^2}{w}\cdot\frac{\gamma_1}{p}[\mathfrak{d}_h\mathfrak{d}_{\rm II}\sin^2 p\lambda - \mathfrak{d}_q\mathfrak{d}_{\rm I}\cos^2 p\lambda + (\mathfrak{d}_h\mathfrak{d}_{\rm I} - \mathfrak{d}_q\mathfrak{d}_{\rm II})\sin p\lambda\cos p\lambda]$$

und das gesamte Drehmoment des Ankers

$$\mathfrak{A} = \frac{N_2}{2\pi}\int_0^{2\pi}\mathfrak{a} \,.\, d\lambda.$$

---

43) MKF Seite 208.

Nun ist

$$\left.\begin{aligned}\int_0^{2\pi}\sin^2 p\lambda\,.\,d\lambda &= \pi\\ \int_0^{2\pi}\cos^2 p\lambda\,.\,d\lambda &= \pi\\ \int_0^{2\pi}\sin p\lambda\,.\cos p\lambda\,.\,d\lambda &= 0\end{aligned}\right\}\quad.\;.\;.\;.\;.\;(83)$$

Demnach ist

$$\mathfrak{A} = 2\frac{N_2}{w}(lr)^2\frac{\gamma_1}{p}(\mathfrak{d}_h\mathfrak{d}_{II} - \mathfrak{d}_q\mathfrak{d}_I).$$

Aus (71) und (76) folgt

$$\left.\begin{aligned}\mathfrak{d}_I &= \mathfrak{D}_{max}\,[\cos\gamma_1 t + v^2\sin\delta\sin(\gamma_1 t - \delta)]\\ \mathfrak{d}_{II} &= v\,\mathfrak{D}_{max}\,[\sin\delta\cos(\gamma_1 t - \delta) - \sin\gamma_1 t]\end{aligned}\right\}\;.\;.\;(84)$$

Ferner ist

$$\mathfrak{d}_h = \mathfrak{D}_{max}\sin\gamma_1 t\quad.\;.\;.\;.\;.\;.\;.\;.\;.\;.\;.\;(70)$$

$$\mathfrak{d}_q = v\,\mathfrak{D}_{max}\sin\delta\sin(\gamma_1 t - \delta)\quad.\;.\;.\;.\;.\;.\;.\;(79)$$

Mithin ist

$$\mathfrak{d}_h\mathfrak{d}_{II} = \mathfrak{D}^2_{max}\,v\left[\sin\delta\cos(\gamma_1 t - \delta)\sin\gamma_1 t - \sin^2\gamma_1 t\right]$$

$$-\mathfrak{d}_q\mathfrak{d}_I = +\mathfrak{D}^2_{max}\,v\left[-\sin\delta\sin(\gamma_1 t - \delta)\cos\gamma_1 t - v^2\sin^2\delta\sin^2(\gamma_1 t - \delta)\right]$$

$$\mathfrak{d}_h\mathfrak{d}_{II} - \mathfrak{d}_q\mathfrak{d}_I = \mathfrak{D}^2_{max}\,v\left[\sin^2\delta - v^2\sin^2\delta\sin^2(\gamma_1 t - \delta) - \sin^2\gamma_1 t\right].$$

Setzen wir noch

$$lr\,\mathfrak{D}_{max} = F_{max}\quad.\;.\;.\;.\;.\;.\;.\;.\;(85)$$

so erhalten wir schliesslich

$$\mathfrak{A} = 2\frac{N_2}{w}F^2_{max}\frac{\gamma_1}{p}v\left[\sin^2\delta\Big(1 - v^2\sin^2(\gamma_1 t - \delta)\Big) - \sin^2\gamma_1 t\right]\quad(86)$$

Das Drehmoment des Einphasenmotors ist also **nicht konstant**, wie das des Drehstrommotors, sondern unterliegt periodischen Schwankungen. Die Periode dieser Schwankungen ist halb so lang wie die Periode des primären Stromes, da $\sin^2\alpha$ stets die doppelte Frequenz von $\sin\alpha$ hat. Wir müssen daher ein **mittleres Drehmoment** $\mathfrak{A}_m$ bilden, das gleich dem Durchschnitt aller Werte von $\mathfrak{A}$ ist. Die Dauer einer Periode ist $T = \frac{2\pi}{\gamma_1}$, daher

$$\mathfrak{A}_m = \frac{\gamma_1}{2\pi}\int_0^{\frac{2\pi}{\gamma_1}}\mathfrak{A}\,.\,dt.$$

Nun ist

$$\left.\begin{aligned}
\frac{\gamma_1}{2\pi}\int_0^{\frac{2\pi}{\gamma_1}} \sin^2(\gamma_1 t - \chi)\,.\,dt &= \frac{1}{2}\\
\frac{\gamma_1}{2\pi}\int_0^{\frac{2\pi}{\gamma_1}} \cos^2(\gamma_1 t - \chi)\,.\,dt &= \frac{1}{2}\\
\frac{\gamma_1}{2\pi}\int_0^{\frac{2\pi}{\gamma_1}} dt \qquad\qquad &= 1
\end{aligned}\right\} \quad \ldots\ldots \quad (87)$$

mithin

$$\mathfrak{A}_m = 2\frac{N_2}{w} F_{max}^2 \frac{\gamma_1}{p} v \left[\sin^2\delta\left(1 - \frac{1}{2}v^2\right) - \frac{1}{2}\right]$$

oder

$$\mathfrak{A}_m = \frac{N_2}{w} F_{max}^2 \frac{\gamma_1}{p} v\,[(2 - v^2)\sin^2\delta - 1] \quad \ldots\ldots \quad (88)$$

$\mathfrak{A}_m$ ist also mit v gleichsinnig, d. h. die Maschine wirkt als Motor, solange

$$v^2 < 2 - \frac{1}{\sin^2\delta}$$

oder dem absoluten Werte nach

$$v < \sqrt{1 - \frac{1}{k^2}}$$

ist.

Die Winkelgeschwindigkeit der Drehung ist $\frac{\gamma_2}{p} = \frac{v\gamma_1}{p}$, daher die mechanische Leistung

$$L_2 = \mathfrak{A}\,\frac{v\gamma_1}{p}$$

$$L_2 = 2\frac{N_2}{w}\left(F_{max}\frac{\gamma_1}{p}\right)^2 v^2 \left[\sin^2\delta\left(1 - v^2\sin^2(\gamma_1 t - \delta)\right) - \sin^2\gamma_1 t\right] \quad (89)$$

und die mittlere mechanische Leistung

$$L_{2m} = \frac{N_2}{w}\left(F_{max}\frac{\gamma_1}{p}\right)^2 v^2\,[(2 - v^2)\sin^2\delta - 1] \quad .\;. \quad (90)$$

Hierin bedeutet $\frac{\gamma_1}{p} = 2\pi\frac{\mathfrak{u}_1}{60}$ die mittlere Winkelgeschwindigkeit des Feldes.

Der Strom in einer Windung war

$$i_\lambda = -2\frac{lr}{w}\frac{\gamma_1}{p}[\mathfrak{d}_{\rm I}\cos p\lambda + \mathfrak{d}_{\rm II}\sin p\lambda] \quad . \quad . \quad . \quad (63)$$

Also ist die Stromwärme in einer Windung

$$w i_\lambda^2 = 4\left(lr\frac{\gamma_1}{p}\right)^2\frac{1}{w}[\mathfrak{d}_{\rm I}\cos p\lambda + \mathfrak{d}_{\rm II}\sin p\lambda]^2.$$

Auf dem Bogen $d\lambda$ entsteht die Stromwärme

$$dL_v = w i_\lambda^2 \frac{N_2}{2\pi} d\lambda$$

$$dL_v = 2\frac{N_2}{\pi w}\left(lr\frac{\gamma_1}{p}\right)^2\left[\mathfrak{d}_{\rm I}^2\cos^2 p\lambda + \mathfrak{d}_{\rm II}^2\sin^2 p\lambda + 2\,\mathfrak{d}_{\rm I}\,\mathfrak{d}_{\rm II}\sin p\lambda\cos p\lambda\right]d\lambda.$$

Die gesamte Stromwärme finden wir

$$L_v = \frac{N_2}{2\pi}w\int_0^{2\pi} i_\lambda^2 \,.\, d\lambda,$$

nach (83) also

$$L_v = 2\frac{N_2}{w}\left(lr\frac{\gamma_1}{p}\right)^2(\mathfrak{d}_{\rm I}^2 + \mathfrak{d}_{\rm II}^2).$$

Aus (84) folgt

$$\mathfrak{d}_{\rm I}^2 = \mathfrak{D}_{max}^2[\cos^2\gamma_1 t + v^4\sin^2\delta\sin^2(\gamma_1 t - \delta)$$
$$+ 2v^2\sin\delta\sin(\gamma_1 t - \delta)\cos\gamma_1 t]$$

$$\mathfrak{d}_{\rm II}^2 = \mathfrak{D}_{max}^2 v^2[\sin^2\delta\cos^2(\gamma_1 t - \delta) + \sin^2\gamma_1 t - 2\sin\delta\cos(\gamma_1 t - \delta)\sin\gamma_1 t]$$

$$\mathfrak{d}_{\rm I}^2 + \mathfrak{d}_{\rm II}^2 = \mathfrak{D}_{max}^2\Big\{\cos^2\gamma_1 t$$
$$+ v^2\Big[\sin^2\gamma_1 t + \sin^2\delta\Big(\cos^2(\gamma_1 t - \delta) + v^2\sin^2(\gamma_1 t - \delta) - 2\Big)\Big]\Big\}$$

Demnach ergiebt sich die ganze Stromwärme, wenn wir wieder die Abkürzung (85) benutzen, zu

$$L_v = 2\frac{N_2}{w}\left(F_{max}\frac{\gamma_1}{p}\right)^2\Big\{\cos^2\gamma_1 t$$
$$+ v^2\Big[\sin^2\gamma_1 t + \sin^2\delta\Big(\cos^2(\gamma_1 t - \delta) + v^2\sin^2(\gamma_1 t - \delta) - 2\Big)\Big]\Big\} \quad (91)$$

Wir bilden weiter die mittlere Stromwärme

$$L_{vm} = \frac{\gamma_1}{2\pi}\int_0^{\frac{2\pi}{\gamma_1}} L_v \,.\, dt.$$

Das ergiebt nach (87)

$$L_{vm} = 2\frac{N_2}{w}\left(F_{max}\frac{\gamma_1}{p}\right)^2\left\{\frac{1}{2}+v^2\left[\frac{1}{2}+\sin^2\delta\left(\frac{1}{2}+\frac{1}{2}v^2-2\right)\right]\right\}$$

$$L_{vm} = \frac{N_2}{w}\left(F_{max}\frac{\gamma_1}{p}\right)^2\{1+v^2[1+\sin^2\delta\,(v^2-3)]\}$$

$$L_{vm} = \frac{N_2}{w}\left(F_{max}\frac{\gamma_1}{p}\right)^2\{1-v^2[(3-v^2)\sin^2\delta-1]\} \quad . \quad . \quad . \quad (92)$$

Die dem Sekundäranker zuzuführende Leistung ist

$$L_1 = L_2 + L_v$$

$$L_1 = 2\frac{N_2}{w}\left(F_{max}\frac{\gamma_1}{p}\right)^2\left\{\cos^2\gamma_1 t + v^2\sin^2\delta\left[\cos^2(\gamma_1 t-\delta)-1\right]\right\} (93)$$

Die mittlere zuzuführende Leistung ist nach (87)

$$L_{1m} = 2\frac{N_2}{w}\left(F_{max}\frac{\gamma_1}{p}\right)^2\left[\frac{1}{2}+v^2\sin^2\delta\left(\frac{1}{2}-1\right)\right]$$

$$L_{1m} = \frac{N_2}{w}\left(F_{max}\frac{\gamma_1}{p}\right)^2(1-v^2\sin^2\delta) \quad . \quad . \quad . \quad . \quad . \quad . \quad (94)$$

wie man auch durch Addition von L_{2m} und L_{vm} erhält.

Der Wirkungsgrad ist

$$\eta = \frac{L_2}{L_1}$$

$$\eta = v^2\frac{\sin^2\delta\,[1-v^2\sin^2(\gamma_1 t-\delta)]-\sin^2\gamma_1 t}{v^2\sin^2\delta\,[\cos^2(\gamma_1 t-\delta)-1]+\cos^2\gamma_1 t} \quad . \quad . \quad (95)$$

und der mittlere Wirkungsgrad

$$\eta_m = \frac{L_{2m}}{L_{1m}}$$

$$\eta_m = v^2\frac{(2-v^2)\sin^2\delta-1}{1-v^2\sin^2\delta} \quad . \quad . \quad . \quad . \quad . \quad . \quad . \quad (96)$$

Für $\delta = 90^0$ erhält man

$$\eta_m = v^2,$$

während beim Mehrphasenmotor nach Gleichung (45)

$$\eta = v \quad . \quad . \quad . \quad . \quad . \quad . \quad . \quad . \quad . \quad . \quad (45\,a)$$

war.